# 从贫穷到富有

## 写给穷二代的励志书

魏清素◎著

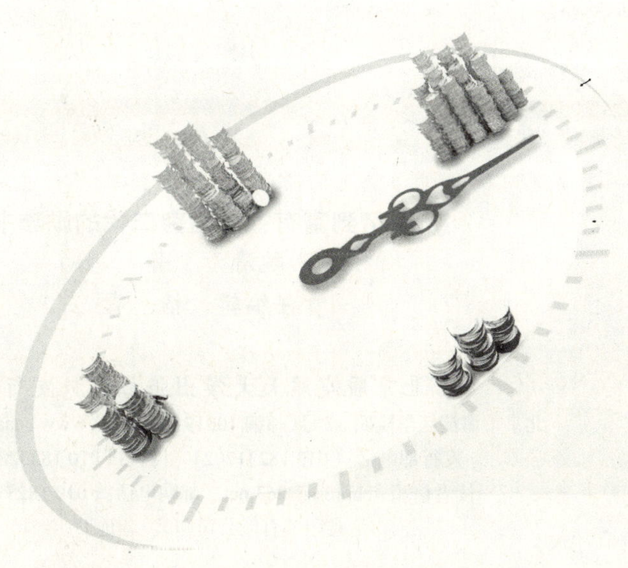

北京航空航天大学出版社
BEIHANG UNIVERSITY PRESS

**图书在版编目（CIP）数据**

从贫穷到富有：写给穷二代的励志书 / 魏清素著
. -- 北京 ：北京航空航天大学出版社，2012.1
ISBN 978-7-5124-0670-4

Ⅰ. ①从… Ⅱ. ①魏… Ⅲ. ①成功心理 - 通俗读物
Ⅳ. ① B848. 4-49

中国版本图书馆 CIP 数据核字（2011）第 254332 号



从贫穷到富有：写给穷二代的励志书
魏清素　著
责任编辑　杨　青
*
北京航空航天大学出版社出版发行
北京市海淀区学院路 37 号(邮编 100191)　http://www.buaapress.com.cn
发行部电话:(010)82317024　传真:(010)82328026
读者信箱: bhpress@263.net　邮购电话:(010)82316936
三河市汇鑫印务有限公司印装　各地书店经销
*
开本：700×960　1/16　印张：13　字数：212 千字
2012 年 1 月第 1 版　2012 年 1 月第 1 次印刷
ISBN 978-7-5124-0670-4　定价：29.80 元

---

# 前言

人的出身是无法选择的，如果你出生在一个贫穷的家庭，就注定拥有了“穷二代”的身份，不管你愿不愿意，这都已经成为不可改变的事实。但是，这并不代表你一辈子都会是穷人，你完全可以通过自己的努力成为富人，富人也都是从贫穷的时候一步步走过来的。所以，生在穷人家不可怕，可怕的是你心安理得的认定自己是穷人，那就真的一辈子都无法摆脱贫穷的命运了。

当然，由穷变富并不是说说那么简单，这中间有很长的路要走，而且过程满布荆棘。的确，与富二代相比，穷二代没钱没背景，没有在父辈影响下形成的领导力、号召力、生意头脑和理财思路，未来的一切都要靠自己打拼。但他们也自有先天的优势，如逆境中的顽强、吃苦耐劳的精神、勤俭节约的品质……他们只有在坚守这些优良品质的同时，不断学习富人的思维和致富方法，用一种积极向上的心态去追求财富，才能甩掉“穷二代”的帽子，最终变成富有的人。

我见过很多穷二代，他们家境贫寒，但乐观向上，他们相信命运掌握在自己手中，相信自己不会贫穷一辈子。他们羡慕富二代，但从不抱怨自己是穷二代，他们从小就懂得要比别人付出更多的努力，他们蜗居在都市中却从未放弃希望，他们真诚、善良又不失冷静、智慧。在学校，他们是老师眼中的好学生；在社会，他们是值得信赖的好朋友，在单位，他们是极具潜力的好员工，他们每年都能攒下一笔钱，每过一段时间都会实现自己的一个目标……最终，他们会摘掉头上那顶贫穷的帽子，成为别人眼中的富人。

我欣赏并敬佩这样的穷二代，也希望每个穷二代都能这样自强自立，于是便有了这本书的诞生。在这个靠实力说话的年代，一个人若想取得成功，仅靠学校里学到的知识还远远不够，在走出校门之后你还应该学习如何求职、如何积累人脉、如何修炼心计、如何为人处世以及如何投资理财、自主创业等，这些都是穷二代的必修课。只有经过这些知识的积累和经验的累积，年轻的穷二代才会变成越来越成熟，从而在创富的过程中走得更加顺畅。

本书的宗旨就是给走在创富路上的穷二代们提供一些有益的参考，只要你有激情有梦想，愿意通过自己的努力赢得成功，那么，本书就会是你不错的选择。希望每个看到这本书的年轻朋友都能从中获取一些关于奋斗、财富、人生的感悟，学到一些为人、处世、创富的经验和方法，并将之应用到自己的生活中。诚若如此，便是对作者最高的褒奖。

除此，我还要感谢一些我的朋友：马敏、郝军师、杨国生、温超、王红涛、周冰、王旭、沙京田、郝海平、张艳娇、白少芹、张彩娟、董亚伟，没有他们，就没有这本书的诞生。

从幼稚到成熟，从初出茅庐到最终的事业有成，这些都是初出茅庐的年轻人的梦想。希望每个有志者都能认清自己的路，都能找到正确的努力方向，最终实现自己的财富梦想。

# 目录 Contents

## 毕业之后先就业，工作是最佳的跳板



## 立业必先创业，向富二代借鉴创富经



## 以小钱立大业，学会理财早致富

## 成功一定有方法，立业一定有路子



## 穷二代起点低底子薄，立业之路要走稳妥

# 穷人并非天注定，穷二代打响财富翻身仗

# 贫穷不是错，认命就不对了

## 立业箴言

很多事情我们无法改变，那就学着去接受，拿出勇气来面对，然后再从现实出发，去思考如何改变那些不如意。

人生有很多事是无法选择的，比如：性别、出身、父母。于是，很多出生在贫穷家庭的人就会抱怨自己命不好，家里没背景、父母没本事，出生在这样的家庭还要背负着穷二代的名号，一辈子抬不起头来，不仅找不到好工作，连以后找对象都成问题……

其实，真正没出息的是有这些想法的人。因为上一代自有上一代的生活背景，他们虽然不能给你富有的生活，不能给你一个富二代的光环，但他们还是节衣缩食、打工挣钱来供你读书，就是希望你有文化，长出息，不再重复他们的生活。如果你不努力、不上进，不积极地改变现状，又有什么资格抱怨他们呢？贫穷不是你的错，更不是上一代的错，贫穷只是一个过程，很多富人都是从穷时候走过来的，你也可以从贫穷到富贵。所以，生在穷人家不可怕，可怕的是你心安理得的认定自己是穷人，那就真的一辈子都无法摆脱贫穷了。

上大学的时候，班上有一个1978年出生的男同学，当时班上的同学都是84、85年的，在我们这群80后中间，他显得非常成熟。也可能是年龄原因，我们总感觉他很另类，在有意无意中与他保持着距离。但是，后来发生的事，让我们改变了对他的态度，甚至对他肃然起敬起来。

那次是班里选举班干部，谁也没想到，平日不声不响的他会参加竞选，并给我们讲了他的故事。他的家乡在一个很穷很穷的山村，贫穷的程度是很多人都无法想象的。就是因为穷，村子已经有很多年没有女人愿意嫁过去了，一般都是男人“嫁”出去。他有一个弟弟，也跟女方到了外地，结婚生子。为了摆脱这种命运，他不顾家里人的反对，一直坚持上学。中学毕业后，为了早点就业，他选择了一所中专，学费一部分靠打工解决，还有一部分是弟弟帮忙提供的。中专毕业后，他工作了几年，挣到了一些钱，改善了家里的生活状况，自己也逐渐稳定下来，可是，他的心里却总是不能平静，有一个念头在蠢蠢欲动。原来，他一直没忘了上大学这码事。经过一番慎重的思考，最终，他决定试一试。

家里人得知他要放弃工作去读书时，都非常不理解，在他们看来，这简直就是“不知足”“瞎折腾”，但是他说：“如果不试一下，我会后悔一辈子，永远都不会心安。”不过，他没有马上放弃工作，而是一边工作一边自学高中课程。两年之后，他跟我们来到了同一所重点大学。我们都是拿着家里的钱，交学费、买衣服、交朋友，而他花的每一分钱都是自己挣来的，而且每个月还要给家里寄钱。最后他说：“我之所以一定要这样做，就是不仅想改变自己的命运，还想为我的家乡做点事情，我希望以后能有女孩子嫁到我们那里去。”

最后，他竞选成功，成了我们的班长。在那四年里，他的学习和班里工作都做得非常出色。毕业的时候，当我们开始为找工作焦头烂额的时候，他已经被一家省电视台正式录用，有了不错的收入。

是的，他生在一个贫穷的家庭，可是，他比我们任何一个人都出色。

正是这个同学让我有了关于贫与富的第一次思考，如果你生在一个贫穷的家庭，这就是一个不可改变的事实，那么我们该怎么办呢？抱怨懊恼都无济于事，你最应该做的就是直面这件事情，不用再千百次的幻想如果有个富爸爸会怎样怎样，这些白日梦只能让你更失落，丝毫不会改变你的处境。你也不必仇视富人，不管他们是否用大把大把的金钱买高档消费品，也不管他们是否一顿饭吃掉一个贫困家庭一年的收入，只要他们不偷不抢，这些都是合理的。你更不用责怪命运的不公平，这个世界本来就是不公平的，我们唯一能做的就是学着去接受，然后拿出勇气来面对。

荷兰阿姆斯特丹有一座15世纪的教堂遗迹，上面有这样一句让人过目不忘的题词："事必如此，别无选择。"我们每个人迟早都要学会这个道理，那就是只有接受并配合不可改变的事实。就连贵为一国之君的英王乔治五世，也在白金汉宫的图书室里挂着这样一个牌匾，上面写着一句话：请教导我不要凭空妄想，或作无谓的怨叹。

所以，当贫穷已经是一个无法改变的事实时，你要做的就是平静地接受，然后告诉自己：没什么大不了，我可以通过奋斗改变现状。然后拼搏、奋斗、排除万难，努力积累财富。

## 都市蚁族也有自己飞扬的梦想

立业箴言

在激情和梦想面前，没有贫富之分，每个人都是平等的。只是由于现实情况的差异，我们完成理想的途径和方式会有所不同。

从什么时候开始，在大城市的边缘出现了这样一个群体：他们的平均年龄集中在22—29岁之间；受过高等教育，却主要从事保险推销、电子器材销售、广告营销、餐饮服务等临时性工作，有的甚至处于失业半失业状态；收入水平低，绝大多数没有"三险"和劳动合同；狭窄的小巷、破旧的民房、简陋的家具……这是他们居住和生活的真实写照。他们被外界认为是继农民、农民工、下岗职工之后的第四大弱势群体，他们有一个共同的名字："蚁族"。

"蚁族"本是个鲜为人知的群体，2010年"两会"前夕，几位全国政协委员探访了北京市海淀区最大的"蚁族"聚居地唐家岭，才使这个特殊的群体引起社会关注，媒体争相报道"政协委员流泪探访'蚁族'"一事。但是，"蚁族"们对这种过度的关注似乎并不买账，一篇在论坛上广为流传的出自唐家岭某"蚁族"的帖子这样写道，“虽然我们的生活暂时算不上好，可是我们喜欢、依赖，甚至感谢这里。我们不偷不抢，靠自己的双手打拼，生活得很踏实很快乐。我们不需要谁的怜悯，不需要谁的施舍。请正视我们，我们不是弱者也不是贫穷者，现在只是我们人生的一个过程而已！”

张强毕业于国内一所重点大学的计算机专业，毕业后，他揣着父母给他的一千元钱来到北京，成为了“北漂”大军中的一员。临走前，张强拍着胸脯对父母说：“你们就等着听我的好消息吧。”到北京后，张强联系了在那儿的同学，同学把他带到自己住的地方。那是一个不到十平方米的小房间，整个屋子只有一扇朝向走廊的窗户，无法与外面通风，所以屋子里很潮湿。厕所是在大概二百米以外的公厕，很长时间没人打扫，又脏又臭。做饭也是公用的厨房，同学说工作太累，很少做饭，都是在外面的小吃店随便对付点。就是这样的一间屋子，每个月的租金就要450元，而且不包括水电费。想想自己兜里的钱，张强开始感觉到了压力。最后，张强决定和同学合租，这样，一人一个月只要承担二百多块钱的房租，同学很高兴地同意了。

到北京的当天晚上，张强就用同学的电脑发出了几十份求职简历，然后满怀希望的等待着。可是这些简历都如石沉大海，偶尔有几个面试电话，却要么是让他去交押金，要么就是公司离住的地方太远。就在张强感觉走投无路的时候，同学说：“不如你去中关村卖电脑吧，我认识一个在那工作的朋友，底薪加提成，每月也能拿到四五千，有的人甚至能拿到上万。”虽然这个工作跟张强预想的差距非常大，但是听到每月能挣到四五千块，他还是心动了，决定去试一试。

就这样，张强开始了在中关村卖电脑的工作。这个行业虽然门槛较低，但竞争非常激烈，一天下来，不仅全身的骨头都像散了架，嗓子更是疼得要命。回到住处往往都要晚上九点左右，累得连吃饭的力气都没有，只想睡觉。好多次，张强都想放弃，可是想到父母对自己的期望，想到找工作的艰难，他还是咬牙坚持下去了。

第一个月，张强卖出了两台电脑，拿到了两千块钱。虽然不多，但他还是非常高兴。给自己留下了一千元，剩下的一千元寄回了家。对于未来，张强充满了憧憬，他相信，只要不怕吃苦，自己离每月拿四五千甚至上万的日子也不会远了。他甚至计划，等积累了一定的资本，就要结束给别人打工的日子，自己创业当老板。

很多“蚁族”都像张强这样，做着辛苦的工作，挣着不算高的工资，但他们依然满怀激情和梦想，对自己的未来有着清晰的规划。他们大都出身贫寒，是典型的“穷二代”，因此蚁居生活对他们来说并非很多人想象中的无法忍受。也正是由于贫困，他们往往不愿意返回家乡就业，而是留守在大城市，用自己的方式执著地完成自己的理想，在无处安放的青春岁月里坚韧顽强地成长。

其实，对于刚走出校园的年轻人来说，这种蚁居的过程对他们的成长可能更有益处，唯有背负沉重，才能使他们的人生脚踏实地；如果轻而易举就能获得财富，反而可能害了他们。当然，一切都要靠自己努力和争取，赤手空拳创造新生活，肯定是要吃苦的。那些给“蚁族”贴上弱势的身份标签，主观臆想他们的生活，并施以同情泪水的人，无疑是低估了这些年轻人的坚韧不拔和蕴藏在他们身体里的能量。我们应该做的，是尊重他们，赋予他们生活的尊严，鼓励他们以坚强的姿态站立，以昂扬的斗志拼搏。如果因为过分的关注，而导致他们生活成本加大，失去奋斗的勇气，相信这是任何人都不愿看到的。

## 宁可去碰壁，也别在家里面壁

**立业箴言**

*很多时候，选择逃避是因为尚且有路可退，如若身后是一片悬崖，相信每个人都会想尽一切办法，硬着头皮向前走。成功，有时候就需要给自己一个悬崖。*

但凡成功人士都会有过碰壁的经历，他们之所以成功，都是在碰壁之后转了个弯，继续向前。有些人之所以一生平庸，是因为他们一旦碰壁就选择退缩，没有勇气再走下去。其实，成功路上没有迈不过去的坎。“穷二代”只要努力奋斗，也总有一天会创造奇迹。贫穷的生活并不可怕，可怕的是你没有勇气和信心去创造一个新的未来。在贫穷面前，你越是害怕和逃避，就越难以摆脱和改变。

有个关于苏格拉底的故事。一个年轻人来找苏格拉底学习哲学，苏格拉底未置可否，只是带着年轻人来到一条河边，突然用力将年轻人推到河里。开始年轻人以为苏格拉底在跟他开玩笑，并不在意。结果苏格拉底也跳到水里，并且拼命地把他往水底按。意识到苏格拉底在动真格的，年轻人一下子慌了，求生的本能让他拼尽全力将苏格拉底推开，爬到岸上。上岸后，年轻人很生气地问苏格拉底为什么要这样做，苏格拉底说："我只想告诉你，做任何事情都必须有绝处求生的决心，这样才能获得真正的成功。"

很多时候，选择逃避是因为尚且有路可退，如若身后是一片悬崖，相信你无论如何都会硬着头皮走下去。对于没有任何资本的穷二代来说，要想取得成绩，就要给自己一个悬崖，体会一下被逼到绝境的感受，体会一下粉身碎骨的痛，这样才能激发出你生命的潜能。

《人生不设限》一书的作者力克·胡哲出生于1982年，出生时他罹患了海豹肢症，天生没有四肢，看到他的样子，连妈妈都不愿碰他一下。十岁之前，他曾经三次想要自杀，后来，他意识到"人要为自己的快乐负责"，于是，他开始勇敢的生活。

他是澳大利亚第一批进入主流学校的残障儿童，高中时，他竞选了学生会主席，并获得了压倒性胜利，被当地报纸封为"勇气主席"，他是第一位竞选学生会主席的残障者。

他是第一位登上《冲浪客》杂志封面的菜鸟冲浪客，在夏威夷与海龟游泳，在哥伦比亚潜水；踢足球、溜滑板、打高尔夫球样样都行。

16岁时，力克参加了一次同学间的小型聚会，与大家分享了他的故事，并感动了在场的所有人。此后，他就决定以"激励他人"作为自己的人生目标，并创立了"没有四肢的人生"非营利性组织，做各种创意行善。他至今已在五大洲超过25个国家、举办1500多场演讲，给予（接受）数百万个拥抱，自称为"拥抱机器"。

21岁，力克大学毕业，同时获得了会计及财务规划双学位，他熟稔投资，并拥有了自己的公司。

2005 年，力克被提名为澳洲年度青年楷模。2009 年，以他为原型拍摄的电影《蝴蝶马戏团》获得“门柱影片计划”大奖。

力克 · 胡哲播撒希望与爱的行动广受赞誉，很多人认为应该把他的故事列入学校课程，激励更多的人。

至今，已经有六亿人听过力克·胡哲传奇的人生故事了。

与力克·胡哲的经历相比，贫穷与挫折都显得那么微不足道。没手没脚的力克尚且能克服自卑，积极地面对上帝和自己开的玩笑，开创人生的另一番天地，我们这些四肢健全的人为何不能坚强地面对困境？成功学大师卡耐基说：“‘挫折’是大自然的计划，经由这些‘挫折’来考验人类，使他们能够获得充分的准备，以便进行他们的工作；‘挫折’是大自然对人类的严格考验，它借此烧掉人们心中的残渣，使人类这块“金属”因此而变得纯净，并可以经得起严格使用。”如果你不能认识到挫折存在的意义，就永远不能战胜自己内心对挫折的恐惧。

世界上为什么会有贫富之分？很多富人并非天生的好命，他们大都经历过贫穷，可是最终却拥有了财富，这其中一个重要的原因就是他们敢闯敢做，从来不会因为害怕碰壁、恐惧失败而躲在温室里。他们不会因为厄运而一蹶不振，而是善于从顺境中找到阴影，从逆境中找到光亮。就像力克·胡哲所说的：“真正改变命运的，并不是我们的机遇，而是我们的态度。”

每个人在一生中都会遭遇多次碰壁，碰壁固然会令人伤心失望，甚至心灰意冷，但它同时也能磨炼人的意志，让人头脑清醒地接受新的挑战。如果你在碰壁之后能够迅速整理心情，继续前进，就会因为不停地进取而抓住成功的机遇。爱默生说过：“这世界只为两种人开辟大路：一种是有坚定意志的人，另一种是不畏惧阻碍的人。”想拥有财富的你，是这两种人吗？

## 没野心，只能一辈子当穷人

### 立业箴言

有野心没什么不好。一个人如果缺少野心，就注定平庸。当然，野心是需要驾驭的，只有用对地方才能发挥出强大的正面能量。

穷二代最缺少的是什么？如果我提出这样的一个问题，肯定有很多人想：这不是明知故问吗？穷人缺少的当然是钱，这是显而易见的。可仔细想一下，答案真的这样简单吗？要弄明白这个问题，我们先来看一则故事：

拉迪和彼特住在同一个街区，不同的是，拉迪住的是带花园和游泳池的私人别墅，彼特住的则是租来的旧房子。拉迪的爸爸是个富豪，而彼特的爸爸只是一个潦倒的职员。但是，这些差距并没有阻止两个孩子成为要好的朋友。

拉迪非常崇拜父亲，他觉得父亲的生意做得非常成功，不过他觉得将来他会比父亲还要成功，他也相信自己能做到这点。彼特的父亲却非常普通，他一年赚的钱都比不上拉迪父亲一天赚的多，但彼特并不怨恨父亲，他最大的愿意就是将来能找到一个好工作，挣到足够的钱，把现在租住的房子买下来，这样就父亲不用每个月被房主催着交租金了。

转眼间，两个孩子都到了十八岁，他们决定离开家出去闯闯。拉迪的父亲只给了他一万美金，并告诉他，这些钱足以让他成为一个亿万富翁。彼特的爸爸也咬咬牙，给彼特凑了一万美金，他希望彼特在找到合适的工作之前，不要再跟家里要钱。

一万美金能做什么呢？拉迪想了想，夏天到了，很多人都会到海边游玩，但不一定都会带着适合沙滩上穿的鞋，如果自己弄一些便宜的沙滩鞋去卖，应该会不错。于是，拉迪用一万美元进了两千双沙滩拖鞋，每双卖十美元。生意还不错，两千双拖鞋十几天就卖完了，拉迪的一万美元也顺顺当当的翻了一番。

彼特拿到一万美元之后，心里沉甸甸的。他知道这一万美元对于父亲来说是一笔不小的数目，彼特不敢乱花，他觉得自己必须尽快找到工作。还算幸运，十天后，彼特找到了一份宾馆接待员的工作，月薪一千美元。彼特非常高兴，这真是太顺利了，他很快就能补上这十天来花掉的五百美元，将一万美元原封不动的还给父亲了。

就这样，拉迪从卖沙滩鞋开始做起，后来有了自己的销售团队，再后来他建立了自己的工厂，生产各种各样的鞋，成了比他父亲还要成功的大富豪。而彼特呢，还在那家宾馆工作，虽然已经做了主管，薪水翻了一番，但还是没能把租住的房子买下来，一万美金对于他来说，还是一笔不小的数目。

同样是一万美金起步，拉迪和彼特却有不同的结局，这是因为彼特缺钱吗？不是，只是因为他没有要成为富人的野心，他最大的愿望不过是要找到一份好工作，把租住的房子买下来。这就是彼特的可悲之处，即使手中有钱，他能想到的也只是最基本的生存需求，而没有积累资本的意识和经营资本的经验与技巧，因此，他就只能一直穷下去。

曾有媒体以“孩子们眼中的钱”为题做了一项调查，结果令人震惊。在“你这辈子想赚多少钱”的问题上，14.58%的孩子想赚亿元以上，16.67%想赚1000万以上，27.08%想赚100万以上。该调查结果公布后，穷人和富人的反映截然不同。穷人要么认为这是世风日下的表现：连小小的孩子也钻到钱眼里去了；要么认为现在的小孩过于狂妄，说话做事不切实际。而富人却认为这是孩子有野心的表现，这样的孩子更易获取惊人的财富。如果连让自己怀有强大欲望的胆量都没有，那么你的财富又能从何而来呢？

查尔斯·W·米尔斯说：“统治世界的不是意志，而是野心、是欲望。”

在很多穷二代接受的教育中，通常会有这样的内容：有钱人的快乐不一定比穷人多；金钱是万恶之源；钱不用太多，够花就好……很多穷人以淡泊名利为座右铭，这种心态决定了他们不会对金钱有太多的渴望，一旦有了足以保证他们衣食住行的金钱，他们就会觉得很满足，而停止对金钱的追逐。与之相反的是，那些出生于富裕家庭的孩子从小就被告知钱有多重要，钱可以实现很多愿望，钱可以让你处于较高的社会阶层，钱可以让你拥有享受人生的权利……正是由于这些原因，贫穷的人会更加贫穷，富有的人则更加富有。

“野心”虽然看似是一个贬义词，但强大的野心，可以充分调动一个人的主观能动性。也正是因为有了野心，才能有一个好的心态和好的习惯去实事求是、踏踏实实地做事情。不会因为偶尔的挫折去怀疑自己的能力。强大的野心，可以逼着人调动一切聪明和才智去解决问题。因此，在不违背法律和道德的前提下，有野心绝对是一件好事情。

## 智慧是穷二代最大的资本

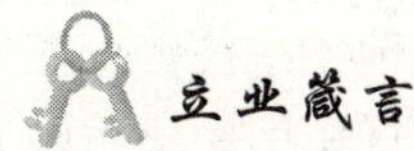

**立业箴言**

智慧是一个人最大的资本，智慧可以变成黄金，可以让人拥有一切。所以，一无所有并不可怕，只要还有智慧，凡事就都有希望。

如若说一个穷二代拥有改变现状，成为富人的资本，那你认为这个资本应该是什么？勤俭？勤奋？吃苦耐劳？这些当然都是，如果只具备这些，那么他只会是个安分守己的好穷人，过着稳稳当当的生活，但成为富人的希望很渺茫。如果在这些特质中加上智慧，结果就会大为不同。一个人具备了与众不同的智慧，才真正拥有了成功的最大资本。智慧可以让穷人成为富人，让富人登上财富巅峰，而一旦缺少了智慧，富人也会变穷，穷人只能更穷。

看过这样的报道：有个大学生毕业之后，先是应聘到广告公司做了业务员，经过两年的努力，升任了经理，并赚到了自己职业生涯的第一桶金：五万元钱。

但他并没有就此满足，而是果断辞职，决定开创自己的一番事业。可是，干什么好呢？一次与修车师傅的谈话给了他启发，他决定进军自行车市场，目标消费群体是在校大学生。

说做就做，他先是用六万元盘下了一个即将倒闭的自行车店，取名为：大学生自行车专卖店。店里的自行车统一定价为118元。由于定位准确，价格低廉，开业第一天就卖出去了五辆自行车。他还很热情地与来店里的大学生们聊天，倾听他们的意见。如果意见被采纳，就会以降价的方式作为奖励。他还在每所大学都找了一名大学生帮他宣传。这些方法取得了很好的效果，他的大学生自行车专卖店越来越有名气，许多大学生慕名而来，最后甚至发展到大学生们以在他店里买自行车为荣。

就这样，他的生意做得红红火火，个人资产很快就超过了一百万，财富积累的速度还在加快。凭着自己的勤奋和智慧，他从一个普普通通的大学毕业生，很快跨进了百万富翁的行列。

这世界上卖自行车的人有很多，但想到以大学生为主要消费群体，成立一个“大学生自行车专卖店”的人只有他一个。这就是成功者的智慧，他们往往善于在别人想不到的地方独辟蹊径，大发其财。虽然世界上有钱人的出身和生活经历都有很大的不同，但他们有一个共同的特点，那就是：具有独到的眼光和超凡的智慧。他们之所以拥有财富，不全是因为有个富有的老爸，也不全是有一个好运气，而是因为有智慧有头脑。一个富翁曾对他遭遇的强盗说过这样一段令人深思的话：“你可以拿走我的汽车，抢走我所有的钱财，但是，只要不杀死我，留下我的大脑，过不了多久，我就又会拥有这些了！而你呢？把从我这里抢去的钱物挥霍掉之后，你又一贫如洗了……”强盗听了似有所悟，便问：“那是为什么呢？”富翁说：“因为我拥有智慧，智慧可以变成黄金，可以使我拥有一切!”这就是智慧的魔力！

有个年轻人，他最大的嗜好就是喂鸽子，他的家里也养了很多鸽子。在他的精心照料下，鸽子的队伍逐渐壮大，喂养鸽子所需要的资金也越来越多，尽管他努力地节衣缩食，但经济上还是越来越拮据。怎么能安心的喂养鸽子，又能保证收入呢？这个年轻人开始动起了脑筋。

一天，年轻人百无聊赖地去街心花园游玩，看到几只野鸟，也许是已经适应了花园里的环境，它们很悠闲地玩耍着，并不怕人。游人们也会顺手丢一些零食，它们就很乖巧地接着。看到这一情景，年轻人想到了自己家里的鸽子，一个想法在他脑子中形成了。

在一个假日，年轻人将自己的鸽子带到街心花园里。前来游玩的人纷纷将玉米粒抛向鸽子，又逗又玩，有人还趁机拍照。一天下来，鸽子吃饱了，也省下了一天的饲料钱。年轻人尝到了甜头，但他没有就此满足，而是想到了一个更加绝妙的主意，就是在花园里出售袋装饲料，既可以赢利，又可以喂养鸽子。

后来，年轻人辞去了原来的工作，专门在公园内出售鸽子饲料，收入居然超过了原来的水平，这不仅省下了喂养鸽子的大笔开销，还可以终日逗弄自己心爱的鸽子，真所谓一举多得。他和他的鸽子们也成了街心花园的一景。

犹太经典《塔木德》中有这样一句话："要想变得富有，你就必须向富人学习，学习他们的思维，学习他们的智慧。"智慧就是聪明的头脑，赚钱最怕的不是没权没势没资本，而是没头脑。上天总是公平的，也许它没有给你一个好爸爸，没有给你一个显赫的家境，但是，只要给了你一个聪明的头脑，你就没有理由抱怨，而应该把哭穷的时间用在开动脑筋，寻求致富的门路上。很多时候，你只需要一个好的想法、好的观念就可以赚到亿万财富。这个世界上没有什么事情是做不到的，前提是你要想得到。

## 为自己树立财富目标

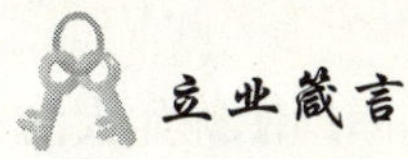

### 立业箴言

你想赚多少钱？不要以为这个问题毫无意义。给自己一个目标并为之努力吧，它就会如指路明灯一样，照亮你的整个人生。

你想过自己一生要赚到多少钱吗？对于很多穷二代来说，这个问题似乎有点奢侈。在艰难生活的磨炼下，他们中的很多人失去了雄心壮志，能够衣食无忧已经满足，岂敢奢求富贵？所谓穷人志短，实在是为现实所迫。但是，很多时候目标就像指路明灯，有了目标的指引，人生才会有更积极的意义。任何成功的起点都是源于你有一个明确的目标，对财富的追逐同样如此。

有一年，一群意气风发的天之骄子从美国哈佛大学毕业了，他们的智力、学历、成长环境都相差无几。在临出校门时，校方对他们进行了一次关于人生目标的调查。结果是这样的：

27%的人，没有目标；

60%的人，目标模糊；

10%的人，有清晰但比较短期的目标；

3%的人，有清晰而长远的目标。

25 年后，哈佛再次对这群学生进行了调查，结果是这样的：

3%的人，25 年间他们朝着一个方向不懈努力，几乎都成为社会各界的成功人士。

10%的人，他们的短期目标不断地实现，他们也成为各个领域中的专业人士，大都生活在社会的中上层。

60%的人，他们安稳地生活与工作，但都没有什么特别成绩，几乎都生活在社会的中下层。

剩下的27%的人，他们的生活没有目标，过得很不如意，并且常常在抱怨他人，抱怨社会，抱怨这个“不肯给他们机会”的世界。

其实，他们之间的差别仅仅在于：25 年前，他们中的一些人有着清晰的人生目标，而另一些人则不清楚或不很清楚。

人的一生，要想走向成功，必须有自己的目标，如果没有目标，便犹如大海上没有舵的帆船或看不到灯塔的航船，会在暴风雨里茫然不知所措，以致迷失方向。无论怎样奋力航行，终究无法到达彼岸，甚至船破舟沉。现在有的人一生忙碌，但一事无成，便是因为没有目标，导致人生的航船迷失了方向。

塞涅卡有句名言说："如果一个人活着不知道他要驶向哪个码头，那么任何风都不会是顺风。有人活着没有任何目标，他们在世间行走，就像河中的一棵小草，他们不是行走，而是随波逐流。"

在生活的海洋中，要想做一个成功的舵手，首先必须确立明确的人生目标。人生没有明确的目标，生活就会盲目漂移，做事就没有方向感，从而敷衍了事，临时凑合，也就失去责任感。没有目标，英雄便无用武之地。

有个朋友对我讲过他自己的故事：23 岁大学毕业之后，他找不到合适的工作，内心非常苦闷。一次偶然的机会，他跟朋友去听了一堂课，对他触动很大。课后，他与那位讲师进行了一次谈话，就是这次谈话改变了他的一生。

"老师，我觉得自己失败极了。"我的朋友先开口了。

"能具体说一下吗？"老师微笑地看着他。

"上学的时候，我一直很努力，我以为考个好大学就能有个好前途。可是，我毕业好几个月了，连个合适的工作都没找到。"

"你想找什么样的工作？"老师问道。

"我说不太清楚，"我的朋友犹豫不决地说，"不过现在哪里还有我选择的余地，有单位肯要我就不错了。"

"那你所说的好前途是什么样的？"老师继续问。

"我也不知道，我没有仔细考虑过。"朋友感觉脸有点发烧。

老师意味深长地看了他一眼，"那你有没有想过以后要赚到多少钱？"

"我没想过，也不敢想，我的家庭……"朋友的声音渐渐低下去。

"其实，这一切都与你的家庭无关，关键是你有没有一个明确的目标。如果你想赚到一千万，你就一定可以做到。"老师很严肃地说。

"真的吗？"朋友根本不敢相信。

"这根本不是问题。"接下来，那位老师跟我的朋友聊了好久，他将我这位朋友的财富目标暂定为一千万，然后根据他的兴趣爱好，为他制订了详细的计划。最初，我的朋友还有点不敢相信，出身贫穷的他无法想象自己能够拥有一千万，对于他来说，这无异于一个天文数字，但是他还是决定按照计划去做。很快，他找到了一份满意的工作，两年后，他赚到了十万元，这时候，他想，或许自己真的可以赚到一千万。五年后，他赚到了一百万，他觉得赚钱不是什么难事。又过了几年，他果真赚到了一千万，他已经相信：只要有目标，就没有什么能够阻挡前进的脚步。

目标是信念、志向的具体化，是一种持久的渴望，是一种深藏于心底的潜意识。它能长时间调动你的激情，一旦想到这种强烈的愿望，你就会产生一种奋力拼搏的不绝动力。在目标的激励下，面对艰难险阻，你绝不会轻易说“不”字。正如美国成功学大师拿破仑·希尔所言：“你过去或现在的情况并不重要，你将来想获得什么成就才最重要。除非你对未来有理想，否则做不出什么大事来。有了目标，内心的力量才会找到方向。”

可以说，一个人之所以伟大，首先在于他有一个伟大的目标。目标能够指导人生，规范人生，是成功的第一要义。一个一心向着自己目标前进的人，整个世界都会给他让路。只要你确定自己要什么，对自己的能力有绝对的信心，你就会成功。

很多人心中都有一个目标，但是不够明确，他们需要借助一些方法来确定自己想要的生活，认清自己的目标，这通常需要四个步骤：

第一步：用一句话将自己最想要的东西或者最想做到的事情清楚地写下来；

第二步：写出明确的计划，如何达成这个目标，清楚地写出要怎么做；

第三步：制定完成既定目标明确的时间表；

第四步：牢记你所写的东西，每天复述几遍；

第五步：将计划付诸行动，这是一切的关键。

遵照这几项步骤，很快你就会发现，这简单的几步会很大程度地影响你的人生，让你变得坚定、执著；你也会发现，所有你想要的东西原来并非那样遥不可及。

## 行动开启立业之门

### 立业箴言

想到就去做，不要迟疑不要犹豫。因为，只有行动才能使你所有的梦想、计划、目标得以实现。否则，无论多么美好的愿望都只能是一场白日梦。

前几年有个流传甚广的段子："等咱有了钱，喝豆浆吃油条，想蘸红糖蘸红糖，想蘸白糖蘸白糖。豆浆买两碗，喝一碗，倒一碗……"虽然搞笑却也说明了一部分人的心态：梦想只停留在"想"的阶段，而不是勇敢地追求，大胆地行动。但漫无边际的空想并不能让你成功，只有切实的行动才能为你开启立业之门。

古语说得好："千里之行，始于足下。"总有一些人在接近人生旅程的尽头，回顾一生时说："如果我能有不同的做法……如果我能在机会降临时，好好地利用……"可惜，这个世界没有那么多"如果"。只有行动才能让计划成为现实，这是千年不变的真理。年轻的我们应该记住：成功需要的是手，而不是嘴。

有这样两个邻居，一位能言善辩好为人师，一位沉默寡言谨慎谦卑，他们都有一个共同的愿望：赚到更多的钱，过上富有的生活。能言善辩的人经常和别人坐在一起，大聊特聊自己的致富经，言谈中眉飞色舞，似乎已经体会到成功的喜悦。而沉默寡言的人只是在旁边听着，很少插嘴。能言善辩的人打心眼里瞧不起自己的邻居，他认为：这样的人只有给别人打工的命，永远不可能发财。

过了一段时间，能言善辩的人还是经常高谈阔论，阐述自己的致富理想，而沉默寡言的人却很少去听了，大多数时间，他都在一板一眼地做自己的事情。

几年之后，能言善辩的人还是老样子，时不时与人聊聊自己的发财梦，日子却过得毫无起色，而他的邻居已经成为当地有名的富人了。能言善辩的人就非常奇怪：这样的人也能发财，莫不是有什么窍门？他决定去邻居家问个究竟。沉默寡言的人还是不善表达，他给出的答案只有一句话：我只不过是按照你说的去做了。

这个故事告诉我们："行动是成功的关键。"不管做什么事情，只停留在嘴上是不够的，关键要落实在行动上。夸夸其谈，哗众取宠而不注重实干的人最令人反感，成功也永远不会光顾这种说而不干的人。

当火车静止不动时，放一块小小的木头在它的八个驱动轮前面，火车就不能启动；而当火车以每小时一百里的时速前进时，却能穿透厚达两米的钢筋混凝土墙。道理很简单，动量等于重量乘以速度。任何事情都是这样，只有付诸行动才会产生巨大的能量。

很多人也知道这些道理，但是对于未来他们总有太多的恐惧。他们害怕失败，特别是很多穷二代，他们渴望财富，渴望变得富有，却害怕一旦失败就会陷入更加贫穷的境地，所以总是在犹豫徘徊，迟迟不敢行动。其实，做任何事都要有一个循序渐进的过程最关键的是，你要知道自己想要什么，然后通过切实的行动向着那个方向努力。英国前首相本杰明·迪斯累利曾指出，虽然行动不一定能带来令人满意的结果，但不采取行动就绝无满意的结果可言。

只有行动才能开启成功之门，这是毋庸置疑的。每个人都可以界定自己的财富目标，并制定各个时期的具体目标。但如果你不付诸行动，这些目标只是一场白日梦。为什么这个世界上 80% 的财富掌握在 20% 的人手中，就是因为这 20% 的人想到就去做了。

因此，如果你想取得成功，就必须先从行动开始。只要你行动起来，没有什么事情能够阻止你。很多人的平庸不是因为他们没有想法，而是因为他们没有真正行动起来。

无论你要做什么，行动，永远都是第一位的。就像食物和水一样，行动永远是你成就理想、迈向成功的保障。

# 没钱没背景，穷二代立业拼的是实力

# 用切实的努力获取成功

**若想成就一番事业，环境、机遇、天赋、学识等外部因素固然重要，但更重要的是自身的勤奋与努力。付出越多，才越可能成功。**

成功 =99%的汗水 +1%的灵感。

这是大发明家爱迪生告诉世人的成功公式，这位一生都在努力工作的“发明大王”，用 2000 多项发明向全世界作了诠释。

对于穷人来说，只有切实的努力才是获得成功的最好途径。不管做什么事，他们总是比别人更努力，并且千方百计做到最好。人生中任何一种成功的获得，都始于勤并且成于勤，与其整日幻想、算计，不如踏踏实实地做事。

清代画家郑板桥老年得子，临死前他让儿子自己去做馒头，并留给儿子这样的遗言：“淌自己的汗，吃自己的饭，自己的事自己干。靠天靠人靠祖宗，不算是好汉。”美国石油大亨洛克菲勒曾张开怀抱鼓励自己的儿子从桌子上跳下来，可当儿子跳下来的时候，洛克菲勒并没有去接他，他是想让他记住：“凡事要靠自己，不要指望别人，有时连爸爸也是靠不住的！”

人生难有永远的依靠，靠人不如靠自己。在这个竞争激烈的社会里，不存在长期的保单，机遇是留给有准备、有实力的人的。只有用自己勤劳的双手与聪明的大脑经营事业与人生，才是最有效的成功捷径。

有篇名为《剩者为王》的文章，讲了这样一个故事：

她的成绩一直不太好，小学阶段属于中游偏下，从未被选出参加过各类竞赛；中学阶段她还是一样默默无闻，尽管学习很刻苦，但成绩不怎么出色。

到县一中读书时，村子里读书的少年仅剩了四个，只她一个女孩子。高中三年是最艰苦的阶段，她很努力，甚至把每月一次的探家假也省了，每次都让别人给她捎点饭费回来。尽管如此，她的成绩也不是非常出色，最好的也不过是最后的模底考试，成绩勉强从下游升到了中游。

她的成绩考本科不可能，只能考虑本市的高专。但出人意料的是她居然“骑”在了本科线上，被外省一个名不见经传的三流学院录取了。尽管她成了班里高考的黑马，但所有人都不看好她的前途和专业。

当年与她一起上学的那几个人，一个落榜后外出打工，一个考了专科，一个在本省读书，她则去了西安。

一晃大学毕业了，她找了几个月，也没有找到合适的工作，就整天和父亲去大棚浇菜。一次回家的时候，同学在街上遇到她，她觉得很不好意思，就说工作不好找，打算考研，可没把握。她的英语四级考了三次才勉强通过，考研对她来说的确有难度，但同学还是敷衍说不如试试，不行也就死心了。

第二年春天，她居然考取了西北工业大学的硕士研究生，很是让人吃惊。研究生应该压力比较小了，别人打工、谈恋爱，她却抱着书本“啃”，很多次在网上聊天时她都说“学习很吃力，争取按时毕业”。大家都认为，凭她的智商和学习能力，要想顺利毕业肯定要下番工夫。

大概是别人的倦怠成就了她，毕业时她因为成绩优秀，又被保送博士连读。这次她真的退却了，用她的话说“太难，越读越害怕”。她的父亲非常生气，以断绝关系相要挟，“多光宗耀祖的事儿啊，一定要去读！”就这样，她被迫回到学校。为了早日毕业，她心无旁骛，丝毫不敢松懈。

那年，她被学校推荐公费赴美留学！专业是高分子材料学。所有认识她的人都被震撼了。她说申报的人很多，比自己优秀、成绩好的人也很多，为何导师最后力荐自己呢？她自己也很意外。

有人特地在网上查询，她即将留学的那个大学，高分子材料学专业世界排名第一。

三年间，她很本分地做学生，勤恳地做试验，毕业时已经在国际权威杂志上发表过几篇很有分量的论文，成了业内备受关注的青年学者。

去年，她刚回国，就被一家德国公司以年薪 12 万美元聘走了。

她的成功源自勤奋。当别人在感慨自己时运不济急于放弃时，当别人弃拙求巧昂首阔步在成功的“捷径”上时，她只一味地安守自己的本分，一步一个脚印走到底，正是这种貌似愚蠢、呆板的努力，让她获得了机遇的垂青。

有人说过：“世界上能登上金字塔顶的生物只有两种：一种是鹰，一种是蜗牛。不管是天资奇佳的鹰，还是资质平庸的蜗牛，能登上塔尖，极目四望，俯视万里，都离不开两个字——勤奋。”缺少勤奋的精神，哪怕是天资奇佳的雄鹰也只能空振双翅；有了勤奋的精神，哪怕是行动迟缓的蜗牛也能雄踞塔顶。

天道酬勤。成功不是上天的恩赐，也不是依靠幸运得到的，而是通过实实在在的努力所得。一个人要想成就一番事业，环境、机遇、天赋、学识等外部因素固然重要，但更重要的是自身的勤奋与努力。一分耕耘，一分收获，投入更多的汗水，才能换来更大的收获；你付出得越多，才越有可能获得成功！

## 清晰地规划自己的未来

立业箴言

多想想未来是什么样子，以及如何才能变为那个样子。选择生活的权利在你自己手中，能否改变现状，就看你是否能清楚地知道自己想要什么。

走出校门之后，我们一定要对自己的未来有个规划。这个规划可长可短，比如你计划要在 35 岁的时候，在一个什么样的行业里做出什么样的成绩。规划还要符合自己的实际情况，要脚踏实地、积极进取、步步为营。不能急于求成，也不能处处否定自己。哪怕每天只进步一点点，也不能逃避明天，逃避未来！

读一读下面这则故事，或许你可以从中得到一个很好的答案：该如何规划自己的未来。

这则选登在《读者》上的故事以自叙的方式描绘了主人公在茫然迷惑的境地如何决定自己的人生路线。

那时他十九岁，在美国某城市的一所大学主修计算机，同时在一家科学实验室工作。繁忙的学习与工作让他一天的二十四小时几乎没有任何空闲，但他仍一有时间便从事其所钟爱的音乐创作。

他酷爱作曲，并结识了一位与他同样热爱音乐的女孩。女孩很了解他对音乐的执著，但是该怎样进入音乐界以及美国陌生的唱片市场呢？他感到很迷茫，他甚至不知道自己该做些什么。

一天，他又和女孩坐在一起，各自想着心事。突然，女孩问了他一个问题："想象一下，五年后的你在做什么？"他愣了，不知该如何回答。女孩转过身来，继续问道："你心目中'最希望'五年后的你在做什么？你那个时候的生活是什么样子的？"他开始沉思，然后说出了自己的想法：第一，五年后他希望能有一张广受欢迎的唱片在市场上发行；第二，他要住在一个有音乐气息的地方，天天与世界顶级的音乐人在一起。

听了他的回答，女孩帮他做了一次时光推算：如果第五年，他希望有一张唱片在市场上发行，那么，第四年他一定要跟一家唱片公司签上合约。而第三年他一定要有一个完整的作品能够拿给多家唱片公司试听。第二年，一定要有非常出色的作品已经开始录音了。这样，第一年，他就必须要把自己所有要准备录音的作品全部编曲，排练到位，做好充分准备。第六个月，就应该把那些没有完成的作品修改完备，让自己从中逐一做出筛选，而第一个月就是要把手头上的这几首曲子完工。因此，第一个星期就要先列出一个完整的清单，决定哪些曲子需要修改，哪些需要完工。

稍微停顿了一下，她继续推演他的第二个未来畅想。如果第五年他已经与顶级音乐人一起工作了，那么第四年他就应该拥有一个自己的工作室。第三年，他必须先跟音乐圈子里的人在一起工作。第二年，他应该在美国音乐的聚集地洛杉矶或者纽约开始自己的音乐旅程……

听了女孩的话，他有种彻悟的感觉，知道了自己在当下和未来应该做的事。第二年，他果然辞掉了工作，只身来到洛杉矶开始自己的音乐之旅。五年之后，他过上了自己当年畅想的生活。

这个故事读来意味深长。当你感到困惑时，学学这位主人公，静下心来想想，若干年后你希望自己做什么，过怎样的生活。这是最基本的问题，如果你连这些问题都回答不了，那就不要再抱怨命运。因为，选择生活的权利在你手中，能否改变现状就看你是否清楚地知道自己想要什么。

多想想未来是什么样，以及如何才能变为那个样子，这是最实际也最有意义的。

## 学习能力决定了你能走多远

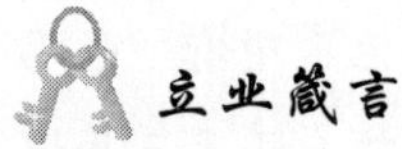
立业箴言

你的学习能力决定了你能走多远，一个人要想不断取得进步，就要不断学习，不断提升自己，只有学识深厚且不断钻研的人才是最可能成功的人。

在这个快速发展的时代，任何人都想迅速成功，许多人挖空心思想要寻找成功的捷径、良方，梦想着能够撞见什么奇遇，从而一鸣惊人或者一步登天。但是，天下没有免费的午餐，任何事情的发生都有一定的前提，要想驾驭成功这条战舰，就必须能掌控其中各个因素，否则就算真有机遇摆在你面前，你也会因为能力不够而最终失败。穷二代没钱没背景，要想成功能够依靠的只有自己的实力和不懈的努力，所以在追求财富的路上，穷二代永远不能忘记的就是充实自己，培养自己的学习能力。只有能力、才学完备了，你才能将机遇牢牢抓住手里，乘风而上，开创属于自己的辉煌。

A公司是一家中型广告公司，设计部有两男一女。平日里，三个人总能在繁忙的工作中找到偷闲的机会。例如，聊聊电视剧，或者说说商场里最新的打折信息等，他们也因此过得优哉游哉。

一天，老板领着一个稚气未脱的男孩走进了他们的办公室，说是新同事，应届大学毕业生林。

林来到设计部上班，就像每个新人一样，默默无闻、勤勤恳恳地工作。早上，“元老”们还没到，林就开始打扫办公室。设计部有很多需要跑腿的活儿，以前设计部的人都不情愿干，“三个和尚没水喝”，总是以猜拳的方式决定谁是那个“倒霉蛋”。但是现在，不用言语，林就揣起文件，送往相关部门。而林跑前跑后的时候，“元老”们按照“惯例”，又将话题扯到热点新闻上去了。每当下班的时候，“元老”们都会迫不及待地离开公司，林则毫无怨言地收拾着遍地狼藉的办公室。“元老”们还打趣说：“新人都是活雷锋。”

没多久，老总开会说设计部是公司的重心，要适当扩大，还要选出一个部长。涉及各自的前途，那几个“元老”收敛了许多，都想在老总面前好好表现，以赢得升迁的机会。然而，不久后，贴在公告栏的部长人选让所有人都感到意外，竟然是林。

林在上任致辞时说，现如今职场就是战场，一切都要靠自己努力，升迁的机会也是靠自己把握的。

原来林每周六都会抽出至少半天的时间学习，学习最新的广告设计理念，提高自己。当领导找他谈话时，他说：“我给自己‘加班’，不是为了完成工作任务，而是为了提高自己的能力。当别人都在向前走的时候，我要跑起来，才会比别人进步快，而周六，正是我提高自己的最佳时机。”

从某种程度上说，你的学习能力决定了你能走多远，因为任何工作都是需要学习才可以改进或者创新。当一个人没有从外界学习新知识的能力或者兴趣时，当一个人不愿意或者没时间思考时，当一个人不及时升级自己的知识库时，他的进步与成长之路也就停止了。因此，一个人要想不断取得进步，就要不断学习，不断提升自己，只有学识深厚且不断钻研的人才是最受青睐的。

美国职业专家指出，现在职业半衰期越来越短，高薪者若不学习，不出五年就会变成低薪者。就业竞争加剧是知识折旧的重要原因，据统计，25 周岁以下的从业人员，职业更新周期是人均一年零四个月。当十个人中只有一个人拥有电脑初级证书时，他的优势是明显的，而当十个人中已有九个人拥有同一种证书时，那么原有的优势便不复存在。未来社会只有两种人：一种是忙着为自己充电的人，另外一种是找不到工作的人。

立业中的每一个台阶都需要相应的知识储备与能力，只有一步一个台阶，扎扎实实练好本领，才能不断应对新的挑战，开拓新的局面。只有在时代的发展中不断升级自己，才能避免在竞争的浪潮中被淘汰出局。

所以，随时升级自己的知识库是非常必要的。坚持学习，主动升级自己的人才能一直保持优势。须知，未来的社会竞争将不再只是知识与专业技能的竞争，更是学习能力的竞争，一个人只有善于学习，才能为自己赢得一个光明的前途。

## 可以平凡，不能平庸

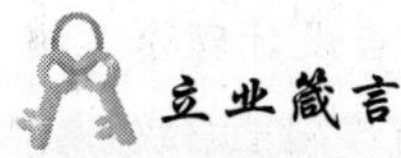


“生当作人杰，死亦为鬼雄”，我们都是平凡的人，却照样可以做得很出色，活得很精彩，拥有不平庸的人生。

平凡是一种生命的常态，我们绝大多数人都是平凡的人，做着平凡的工作，过着平凡的生活。平凡是一种质朴，是洗尽铅华后的本真之美。但平凡并不代表平庸，平庸是寻常、不突出、没有作为，平凡的人却照样可以做得很出色，活得很精彩。平庸是一种既被动又功利的人生态度。有着平庸态度的人诸事平平，没有一事精通，这是平庸者的规律。平庸不仅分散人的精力，更不会把人们引向成功。所以说，人可以平凡，但绝不能平庸，要“生当作人杰，死亦为鬼雄。”

这里有一个小故事，相信对很多人都会有所启示。

有一家非常大的机械制造公司，它的产品销往世界各地，代表着当时重型机械制造业的最高水平。很多机械制造业的毕业生都以被该公司聘用为荣，但该公司有着非常严格的聘用标准，很多毕业生都因为这样那样的原因遭到了拒绝。但是，该公司令人垂涎的待遇和显赫的同行业地位仍然向那些有志的求职者闪烁着诱人的光环。

杰克是一所著名大学机械制造专业的高材生，从上大学开始，他就发誓要进入那家知名的机械制造公司。遗憾的是，他与许多人的命运一样，被那家公司拒之门外。不过，杰克并没有死心，除了不断学习让自己更具实力外，他还冥思苦想到了一个办法：假装自己一无所长，并且无偿为该公司工作。

打定主意后，杰克先找到了公司人事部，说明了自己的想法，并请求公司分派给他工作，他不要任何报酬。开始，公司觉得不可思议，认为这个年轻人简直是疯了，但由于他们不用付一分钱，所以就随便给杰克分派了打扫车间卫生的任务。

这是个简单的工作，但杰克丝毫没有马虎。他还利用清洁工可以到处走动的优势，细心观察了公司各部门的生产情况，并一一作了详细记录，发现了存在的技术性问题并想出了解决的办法。为此，他花了近一年的时间搞设计，获得了大量的统计数据，为后来的一鸣惊人奠定了基础。

后来，公司的产品在质量上出了一些问题，订单被纷纷退回，如不及时采取措施，公司就会遭受重大损失。为此，公司管理层召开了紧急会议商量对策，但由于事发突然，大家都感觉措手不及，讨论了半天也没有商量出合适的解决方案。

正在大家一筹莫展之时，杰克闯进了会议室，直接要求见总经理。在会上，杰克对出现问题的原因作了令人信服的解释，并且就工程技术上的问题提出了自己的看法，随后拿出了自己对产品的改造设计图。这个设计非常先进，恰到好处地保留了原来机械的优点，同时克服了出现的弊病。

公司管理层很是惊讶，忙问这个年轻人现在是哪个岗位，杰克回答自己不过是个编外清洁工。大家又仔细询问了他的背景，才知道他是著名大学机械制造专业的高材生。事情最后的结果是，杰克被聘请为该公司主管生产技术的副总经理。

杰克的成功经历告诉我们：只要不甘平庸，人人都可能成为杰出人物。

美国总统罗斯福曾说过："许多成功的人并非天才，他也许资质平平，却能把平平的资质发展成为超乎寻常的事业。"无论多么平凡的工作，只要从头至尾做好，便是了不起的事业。所以，无论你现在正在做什么，都不要抱着一种平庸的心态。要知道，即使再平凡的工作也都可能是成就辉煌的开始，

人可以平凡，但绝不能平庸。真正有大志向的人就要不甘平庸，不满足于现状，唯如此才能使我们热血沸腾，干劲十足，才会使我们加倍努力，超越平庸，成就非凡。

## 打造个人品牌，抬高你的身价

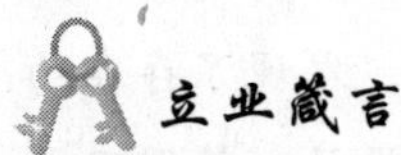

**立业箴言**

不只是企业、产品需要建立品牌，个人同样需要建立品牌，这是人才宝贵的无形资产，其价值是无法估量的。

当今社会是一个注重品牌的时代，不论产品还是个人，一旦形成品牌就意味着超强的竞争力。因此，打造个人品牌是当今社会竞争的取胜之道。竞争不可怕，裁员也不可怕，可怕的是自己没有精湛的专业技能，没有形成独具特色的工作风格，没有具备别人不可代替的价值。与富二代相比，穷二代们在很多方面都存在劣势，要想在越来越激烈的人才竞争中取胜，就应该从现在开始，把自己当做一

个品牌去经营。

激烈的社会竞争，对每个人来说既意味着威胁也意味着机会。管理专家指出，只有形成个人品牌的人，才能在职场中成为“不倒翁”。如今，许多人已经尝到了打造个人品牌的甜头。譬如《逆风飞扬》一书的作者吴士宏，通过叙述自己在两家著名跨国公司的十四年修炼的故事，再现了打工女皇的传奇，为她在职场中建立了牢不可破的个人品牌。事实上，不只是企业、产品需要建立品牌，个人品牌同样是人才宝贵的无形资产，其价值甚至高于人才的有形资产，是无法估量的。

一旦创造了个人品牌，你的名字就意味着财富，这就是“身价”。我们经常听到某个企业家身价多少亿，这就是个人品牌的价值。这些已经创造了个人品牌的人，即使遭遇失败，也完全可以评价自己巨大的品牌价值，东山再起。

著名篮球运动员姚明，因为自己的精湛球艺而被选入 2003 年 NBA 全明星首发阵容，姚明的出现为火箭队带来了空前的商机和人气，使火箭队获得了巨大利益。姚明在 NBA 的职业生涯中，个人实际收入也是非常丰厚的，而围绕姚明的产业开发，将会超过 11 亿美元。这么具有价值的品牌，这么强的个人品牌效应，都是建立在他卓越实力基础上的。如果没有超强的实力为依托，姚明不可能到 NBA 打球，也可能创造不出如此强大的个人品牌。

而在此后几年的 NBA 生涯生涯中，姚明不负众望，用自己的实力击碎了诸多质疑，使得自己的个人品牌变得更具价值性和挖掘力。围绕着他，已经形成了一个完整的产业链，为社会创造着不菲的财富。

美国管理学者华德士说过：个人品牌含金量越高，人的身价就越高。品牌是与“身价”紧密联系在一起的，个人品牌知名度越高，身价自然也就水涨船高。不过，“冰冻三尺，非一日之寒”，个人品牌的形成是一个需要慢慢培养和积累的过程。那么，怎样才能从根本上打造好自己的个人品牌呢？

首先是态度问题。一个人必须清楚地认识到自己才是个人品牌的最大受益者，并自愿全力以赴地打造个人品牌。

我们常说，一个人不论做什么事，努力把事情做好的最大受益者是自己，因为这样有助于树立自己的个人品牌。但是，很多人却不这样想，他们老是觉得这种观念很虚，个人品牌谁会看得见？发展空间又在哪？还不如找机会“偷闲”，工作能混就混，殊不知抱着这种态度做事，到最后只是“糊弄”了自己。

个人品牌是一个人素质的综合展现。努力工作，把事情做好，当时有没有人看见不是关键，短期内有没有人知道也没关系，长期坚持下去，自己的个人品牌就会逐渐被发现并认可。很显然，当个人品牌被广泛认可的时候，个人必将是“名利双收”，自己也就自然而然地成为最大的受益者。

其次，个人品牌必须以人品为基础，也就是既要有才更要有德。一个人，仅仅工作能力强，而道德水平不高是无法建立个人品牌的。

最后，个人品牌的形成要靠不断地学习来支撑。在形成个人品牌的过程中，我们必须有终生学习的观念和行动。虽然很多人都在叫嚷着终生学习，很多人都会说自己明白终生学习的道理，但是，他们只是停留在“明白道理”的层面上，根本就没有将终生学习的理念变成日常行为。时间一长，个人的综合素质得不到实质性的提高，良好的个人品牌自然很难树立起来。

竞争不可怕，裁员也不可怕，可怕的是你没有形成个人品牌：精湛的专业技能、独具特色的工作风格和高尚的人品。如果你想在激烈的竞争中取胜，就应该从现在开始，把自己当做一个品牌来经营。

## 至少拥有一项过硬的专业技能

立业箴言

对一个领域百分之百地精通，都要比对 100 个领域各精通百分之一强得多；而一个拥有一项专业技能的人，往往比那种样样不精的多面手更容易获得成功。

正在打拼的年轻朋友，无论你从事什么行业，要想在该行业中站稳脚跟，做出一番成就，就必须具备精到的专业技能。只有在自己的专业技能上精益求精，才能成为本行业的尖兵，否则，别说实现人生价值，就是想立足社会也无从谈起。一个人应当专注于自己的职业，随时发现自己的缺陷，并设法弥补，不断追求专业技能上的进步，让自己成为行业中的佼佼者。反之，如果什么都想做，顾这个的同时又想那个，事事只求“将就一点”，结果必然一事无成。

许振超是青岛港集团集装箱有限公司桥吊队队长。2005 年 4 月，他被全国总工会评为全国劳动模范，2008 年 3 月任十一届全国人大常委。许振超已经成为一个标准，即工人们的典范，是新时代的“金牌员工”。

作为一名现代工人，许振超参加工作三十多年来，以“干就干一流，争就争第一”的精神，立足本职，务实创新，干一行，爱一行，精一行。他自学成才，苦练技术，练就了“一钩准”、“一钩净”、“无声响操作”等绝活，并创造了“王啸飞燕”、“显新穿针”、“刘洋神绳”等一大批具有社会影响的工作品牌。他带领团队按照“泊位、船时、单机”三大效率的标准要求，深入开展比安全质量、比效率、比管理、比作风的“四比”活动，先后六次打破集装箱装卸世界纪录，使“振超效率”令世人赞叹，将“振超精神”名扬四海。“10 小时保班”服务品牌为顾客提供了超值服务，吸引了全球各大船运公司纷纷在青岛港上航线、换大船。2006 年青岛港集装箱达到 770.2 万标准箱，位列世界第 11 位。

许振超还积极响应建设节约型社会的号召，按照青岛港“管理挖潜力”的要求，多方试验在冷藏集装箱上加装节电器，仅 2005 年就节约电费 600 万元，投资回报率达到 60%。2006 年，他领衔组织实施了轮胎吊“油改电”技术改造，填补了这一技术的国际空白，在全部 77 台轮胎吊投入使用后，年节约资金 3000 万元以上，噪音和尾气污染大为降低，接近于零。

青岛港集团董事局主席、总裁常德传说：“为什么会有‘振超效率’？许振超能够将下面的一帮人领起来。在许振超的带动下，他的‘振超效率’80% 以上的人都已能熟练掌握，许多工人还掌握了新的绝活。世界纪录不断被刷新，这已不仅是许振超一个人的力量，更是许振超带动下的团队的力量。”

无论你具备何种才能，对一个领域百分之百地精通，都要比对 100 个领域各精通百分之一强得多；而一个拥有一项专业技能的人，往往比那种样样不精的多面手更容易获得成功。

所谓“物以稀为贵。”人才也是一样。如果你在哪方面都表现平平，你会的别人也都会，你与其他人相比并不具备任何优势，那就不能称为“稀”，你也就“贵”不起来。相反，如果你的某一项专业技术精通到很少有人能与你相比，那不管在哪里，你都会是不可代替的重要人物。而要使自己成为某一方面技术的稀有之人、珍贵之人，使自己的身价倍增，办法只有一个，就是刻苦学习专业知识，认真钻研专业技能，务求掌握它、精通它，努力使自己对所选专业的知识和业务技能精通、熟练到令人叫绝，成为所在领域的佼佼者。

## “360 度评估”，客观认识自己

你给自己什么定位，你就是什么样的人，定位能改变人生。如果你无法在创造的过程中给自己准确定位，不知道自己的方向在哪，那么所有的努力都是徒劳。

胡适先生曾经有一个妙喻：譬如一个有作诗天才的人，不进中文系学作诗，而偏要去医学院学外科，那么，文学院便失去了一个一流的诗人，而医疗界却添了一个三四流甚至五流的外科医生，这是国家的损失，也是他自己的损失。

为什么会出现这种情况呢？很显然，就是因为这个人没有客观地评估好自己，不能准确找到适合自己的位置，从而也就埋没了自己的才能。所以，刚走出校门的我们首先要做的事就是给自己一个正确的评估，客观地认识自己，否则，你可能就会浑浑噩噩地度日，找不到奋斗的方向，更不清楚生活的意义，甚至失败了也不知道错在哪里。

世界上最伟大的推销员、被欧美商界称为“能向任何人推销出任何商品”的传奇人物——乔·吉拉德在成功之前做过很多种工作。从小时候的擦皮鞋、报童到后来的洗碗工、送货员、电炉装配工和住宅建筑承包商等，这些工作都没能让他成功。35岁前他还只能算是一个全盘的失败者，欠了一身的外债，朋友都弃他而去，连妻子、孩子的吃喝都成了问题，他同时还患有严重的语言缺陷——口吃，换了四十多个工作仍然一事无成。为了养家糊口，他开始卖汽车，步入推销生涯。

刚开始做这份工作时，他反复鼓励自己：“你认为自己行就一定能行。”当然，他并没有停留在语言上，而是以极大的专注和热情投入到推销工作中。只要一碰到人，他就把名片递过去，不管是在街上还是在商店里。他会抓住一切机会推销他的产品，同时也推销他自己。三年后，他以平均每天卖六辆汽车的业绩成为全世界最伟大的销售员，这是个空前的记录。谁能想到，这样一个不被人看好，而且还背了一身债务、几乎走投无路的人，竟然能够在短短的三年内取得前所未有的成绩。

你可以不怕辛苦，创意十足，聪明睿智，才华横溢，屡有洞见，甚至好运连连——可是，如果你无法在创造的过程中给自己准确定位，不知道自己的方向在哪里，那么一切都会徒劳无功。

你给自己定位什么，你就是什么样的人，定位能改变人生。

汽车大王福特从小就在头脑中构想能够在路上行走的机器，以用来代替牲口和人力。全家人都要他在农场做助手，但福特坚信自己可以成为一名机械师，于是他用一年的时间完成了别人需要三年的机械师培训，随后他花了两年多时间研究蒸汽原理，试图实现他的梦想，但没有成功。之后他又投入汽油机研究，每天都梦想着制造一部汽车。他的创意被发明家爱迪生所赏识，邀请他到底特律公司担任工程师。经过十年努力，他成功地制造了第一部汽车引擎。福特的成功，完全归功于他的正确定位和不懈努力。

有些人之所以成功，就是因为自始至终能够给自己准确定位，看到自己身上的缺点和不足，然后付诸行动，不断改进和完善自己，使自己更积极向上、充满活力。他们心中明白这样的道理：人最怕不能给自己定位，找不到自己的位置。

如果已经毕业的你还没有给自己准确定位，那就应该抓紧时间，坐下来分析一下自己，根据自己的特点，寻找真正适合自己的位置了。只有坐在正确的位置上，你才能成为最好的自己。

## 克服浮躁，沉稳做事

立业箴言

**心情浮躁就像用温水沏茶，茶叶总在水上浮着，再好的茶也无法散发出清香。做人也是一样，只有把持住自己，沉下心来才能真正做出一番成绩。**

在这个喧嚣的社会，浮躁似乎成了一种通病。太多一夜暴富的所谓经验、秘诀、窍门充斥着人们的生活，让人在不知不觉中受到蛊惑，沉醉于对名利的追逐中，而不是静下心来不断奋斗、慢慢积累。在年轻人当中，浮躁的现象更为普遍：一心想过好生活，又怕吃苦受累；总是羡慕别人过得潇洒惬意，却不知道别人背后付出过多少努力；本来有养成良好习惯的想法，又做不到长期坚持……心里总像住了一个跳蚤，如果没人按着，就会跳来跳去。

其实，心情浮躁就像用温水沏茶，茶叶总在水上浮着，再好的茶也无法散发出清香。只有水温够了，茶香才会飘散而出。做人也是一样，只有把持住自己，沉稳下来才能真正做出一番成绩。

我们先来欣赏这样一个故事：

一个年轻人，觉得自己的工作特别没前途，但又不知道什么工作适合自己，只好在自己的岗位上混日子，想辞职，不知道干什么好，继续待下去，又觉得自己做不出什么成绩，为此他烦躁不已。于是千里迢迢来到普济寺，慕名寻到老僧释圆，沮丧地对释圆说：“人生总不如意，活着也是苟且，有什么意思呢？”

释圆听完年轻人的叹息和絮叨，什么都没说，而是吩咐小和尚：“施主远道而来，烧一壶温水送过来。”

不一会儿，小和尚送来了一壶温水，释圆抓了茶叶放进杯子，然后用温水沏了，放在茶几上，微笑着请年轻人喝茶。杯子冒出微微的水汽，茶叶静静浮着。年轻人不解地询问：“宝刹怎么是用温水沏茶？”

释圆笑而不语。年轻人喝一口细品，不由摇摇头：“一点茶香都没有呢。”

释圆说：“这可是闽地名茶铁观音啊。”

年轻人又端起杯子品尝，然后肯定地说：“真的没有一丝茶香。”

释圆又吩咐小和尚：“再去烧一壶沸水送过来。”

又过了一会儿，小和尚提着一壶冒着浓浓白汽的沸水进来。释圆起身，又取过一个杯子，放茶叶，倒沸水，再放在茶几上。年轻人俯首看去，茶叶在杯子里上下沉浮，丝丝清香不绝如缕，令人望而生津。

年轻人欲去端杯，释圆作势挡开，又提起水壶注入一线沸水。茶叶翻腾得更厉害了，一缕更醇厚、更醉人的茶香袅袅升腾，在禅房弥漫开来。释圆这样注了五次水，杯子终于满了。那绿绿的一杯茶水，端在手上清香扑鼻，入口沁人心脾。

释圆笑着问：“施主可知道，同是铁观音，为什么茶味迥异吗？”

年轻人思忖着说：“一杯用温水，一杯用沸水，冲沏的水不同。”

释圆点头：“用水不同，则茶叶的沉浮就不一样。温水沏茶，茶叶轻浮水上，怎会散发清香？沸水沏茶，反复几次，茶叶沉沉浮浮，释放出四季的风韵：既有春的幽静和夏的炽热，又有秋的丰盈和冬的清冽。世间芸芸众生，也和沏茶是同一个道理。沏茶的水温度不够，想要沏出散发诱人香味的茶水不可能；你自己的能力不足，要想处处得力、事事顺心自然很难。要想摆脱失意，最有效的方法就是苦练内功，提高自己的能力。”

年轻人茅塞顿开，原来不是自己的工作没前途，而是自己没把它当成一个有前途的工作去做。回去后他刻苦学习，虚心向人求教，工作越来越努力，也越来越有成绩，不久他就引起了单位领导的重视，获得了提拔。

泡一杯好茶，一定要用沸水，只有沸水才能将茶的味道全部浸出来。怀有立业梦想的年轻人同样如此。如果心情浮躁，就像漂浮在温水上的茶叶，总也不到火候，更不要妄想所谓财富与成功。

年轻人要想成就一番事业，首先就要让自己的心静下来，专心做事。只有克服了浮躁，你才能吃得成功路上的苦，才会有耐心与毅力一步一个脚印地向前迈进，才不会因各种诱惑迷失了方向，也不会盲目地让自己奔向一个超出个人能力范围的目标，而是踏踏实实地去做自己能做的事情，直至取得成功。

## 比别人做得更多、更彻底

**立业箴言**

比别人勤奋一点点，就能赶超别人一大步。现代社会需要的是有野心、有奋斗精神，能够比别人做得更多、更好，懂得最大限度提升自己的人。

与那些或者有钱或者有势的富二代、官二代相比，穷二代没有任何优势，怎样才能通过自己的打拼，在社会上拥有一席之地呢？只有一条途径：比别人做得更多、更好。不管做什么事，多多留神一些额外的责任，多多关注一些本职工作以外的事情，让自己的所作所为总是超越别人的期望，这样才能取得更好的成绩。

有这样一句话“对未来的真正慷慨在于向现在献出一切”。如果你理解并按照这句话去做，成功就会找到你。

大学毕业生张吉和杜明同时被招聘到某物流公司。张吉按部就班，认认真真地完成经理交办的每项工作，没出什么差错，他自己也比较满意。杜明却没有自我满足，在工作中，他不断地学习运输行业的有关知识，很快提高了自己解决问题的能力。在对客户的分析中，他发现华北地区的货物运输常有滞期现象，经分析发现多是由于修路原因造成的。于是，他通过电脑交通网络，对北京周边地区各交通干线的路况进行了一系列的调查摸底，每天列出一份动态的路况交通图送给经理参阅。就是这份动态的路况图，对公司的货物运输起了重要的疏导作用，不但缩短了有效运输时间，而且减少了因堵车、绕行而产生的运输费用，受到公司领导的重视和奖励。三个月后，他也成功转正并被公司正式录用了。

前盛大总裁唐骏曾说过一句话："比别人勤奋一点点，就能超前别人一大步。"没有人喜欢那些"按钮式"的人，按一下走一步，现代社会需要的是有野心、有奋斗精神，能够比别人做得更多、更好，懂得最大限度地提升自己的人。

李勇生活在一个工薪阶层的家庭中，因为兄弟姐妹比较多，他高中毕业后不得不放弃上大学的机会，到一家百货公司去打工。但是，他不甘心就这样生活下去，所以每天都在工作中不断学习，想办法充实自己，努力改变自己的境况。

经过几个星期的仔细观察，他注意到主管每次都要认真检查那些进口商品的账单，而且账单用的都是法文和德文。他便开始在每天上班的过程中仔细研究那些账单，并努力学习与此有关的法文和德文。

有一天，他看到主管十分疲惫和厌倦，就主动要求帮助主管检查。在这次工作中，由于他干得很出色，所以以后的账单就都由他接手了。

过了两个月，他被叫到一间办公室里接受一个部门经理的面谈。部门经理的年纪比较大，他说："我在这个行业里干了40年，根据我的观察，你是唯一一个每天都在要求自己不断进步，不断在工作中改变自己以适应工作要求的人。从这个公司成立开始，我一直从事外贸这项工作，也一直想物色一个助手。这项工作所涉及的面太广，工作比较繁杂，需要的知识很庞杂，对工作适应能力的要求也特别高。现在，我们选择了你，认为你是一个十分合适的人选，我们相信公司的选择没有错。"

尽管李勇对这项业务一窍不通，但是，凭着对工作不断钻研和学习的精神，他的能力不断提高。半年后，他已经完全能胜任这项工作了。一年后，他接替了那位经理的工作，成了这个部门的管理者。

西谚有云，“工作中的傻子永远比睡在床上的聪明人强”，成功的机会总是属于那些主动提升自我的人。当你能提供更多更有价值的服务的时候，成功也会慢慢到来。

比别人做得更多、更好，体现了一种居安思危的发展眼光，它可以让人摆脱安逸生活的羁绊，永不满足，在积极进取中成就大业。

# 人品决定成败，有好口碑才能立大业

# 在适当的时候吃亏

立业箴言

在适当的时候吃亏，这不是弱智，而是大智。事实证明，很多当下的吃亏，未必就是坏事。更多的时候，损失蝇头小利反而会换来更大的利益。

俗话说“吃亏就是占便宜”，但很多人认为这句话纯属无稽之谈：吃亏就是吃亏，怎么会是占了便宜？所以，多数人还是费尽心机的多占便宜少吃亏，只有那么一小部分人，他们把目光放得长远，看似经常吃亏，实则占了大便宜。

年轻人要想立大业就要有敢于吃亏的精神，这不是弱智，而是大智。事实证明，很多当下的吃亏，未必就是坏事。更多的时候，损失蝇头小利反而会换来更大的利益。因此，为人处世一定要有长远的眼光，切不可为了眼前的一己私利落入“鼠目寸光”的俗套，否则，你就会在斤斤计较中错失获取更大收益的机会。

现代成功学大师拿破仑·希尔在成功前曾经有过这样的一段经历：

1908 年，他获得机会采访了美国的钢铁大王卡耐基，两人交谈后，卡耐基觉得这个年轻人非常有才华，很欣赏他，于是就对希尔提出了一个挑战，他要求希尔在此后的 20 年里，把全部的时间和精力都用在研究美国人的成功哲学上，然后得出一个结论。他可以为希尔写介绍信和引见一些成功人士，但除此之外，不会给希尔提供任何经济方面的支持。

希尔毫不犹豫地答应了这个看似非常吃亏的条件，因为他有一种直觉：这个决定会影响他的一生。就这样，希尔用他人生最珍贵最有创造力的 20 年免费为这位富翁工作，没有索要一丁点儿报酬。

事实证明希尔的选择没错，在那20年里，他在卡耐基的引见下拜访了全美国最富有的500位成功人士，写出了震惊世界的《成功定律》一书，并且成为了罗斯福总统的顾问。希尔做了一件看似吃亏，却得到了丰厚回报的事情。

后来，在回忆这件事情时，希尔说："全国最富有的人要我为他工作20年而不给我一丁点儿报酬。一般人在面对这样一个荒谬的建议时，肯定会觉得太吃亏而推辞，可我没这么干，我认为我要能吃得这个亏，才会有不可限量的前途。"

由希尔的故事看来，有些事情，看似"亏"，实则是在为我们积蓄"盈"，也就是说，吃得亏才能扭亏为盈，只是我们需要站在更高的层面上，用更长远的眼光来看，我们要善于吃这样的亏。

有个人做了十几年生意，他没有文化，也没有背景，但生意却出奇的好，而且长盛不衰。说起来他的秘诀也很简单，就是与每个合作伙伴分利的时候，他都只拿小头，把大头让给对方。如此一来，凡是与他合作过的人，都因为能从中赚到不菲的利润，而愿意再次和他合作，甚至朋友的朋友，也都成了他的客户。虽然他只拿小头，但很多的小头积聚起来，就成了大头。到了最后他才是最大的赢家，不但赢得了合作伙伴的信任，又积少成多地争取到了尽可能高的利润。

这就是吃亏的好处，这样看来，吃亏真是占了大便宜。

每个人都在潜意识里想多获得一些利益，或是想得到比别人更多的好处，如果你能满足人们的这种心理，就一定能获得他们的好感和信赖。所以，刚毕业的年轻人一定要懂得积极地付出，哪怕自己吃点亏，也要做出自我牺牲，只有这样做，别人才会觉得你豪爽、大度、重感情、乐于助人，这样你就会给别人留下良好的印象和口碑，大家都会认为你是一个值得交往的人。

需要切记的是：在你吃亏的时候，不要表现出故意施舍的样子，没有人会接受这样的便宜，还要注意不要急于求回报。当然，只愿付出、不求回报的人是很少的，但是，急于求回报的人，往往因为其功利心太重而让人瞧不起，这样即使你做了牺牲，别人也不会领情。因为，没有人会愿意和一个斤斤计较的人做朋友，也没有人会愿意和一个唯利是图的人合作共事。害怕吃亏的人往往会吃大亏，而对于不怕吃亏的人来说，吃亏就是占便宜，主动吃亏往往能够使你在不如意的时候得到一飞冲天的机会。

古人说：用争夺的方法，你永远得不到满足；但是如果用让步的方法，你可以得到比企盼更多的东西，这就是吃亏的意义所在。懂得吃亏是一种人生的境界，更是一种做人的智慧，你的成功之门会在你不断的吃亏中得到开启。

## 行事做人，“信”字当头

**立业箴言**

一些欺骗的手段可能会为你带来一定的暂时性效益，但最终的后果肯定是负面的。而诚信可能让你亏掉一时的钱财，却会为你赚来一生的信誉。

要让别人觉得你人品不错，是个可以信赖的人，最重要的就是做到诚信。诚信就是诚实守信，用更通俗的话说，就是实在、不虚假。诚信是一个人的美德，有了“诚信”二字，人就会表现出坦荡从容的气度，焕发出人性的光彩。自古以来，诚实守信就是一种永恒的人性之美。可以说，诚信的品格是获得成功人生的第一要素，历来被人们所尊崇。诚实守信不仅是一种美德，更是一个人在社会上生存必须具备的品质。试想，如果一个人经常出尔反尔满嘴谎话，谁会相信这样的人，谁会与之交往呢？

安德鲁 · 卡内基曾经说过：“世界上很少有伟大的企业，如果有，那就一定是建立在最严格的诚信标准之上的。”

下面事例中，主人公的成功均是因为守信而赢得的，值得我们品味。

从一家小小的印刷厂做起，如今的汉斯已经非常富有，他的小印刷厂也已经变成了大规模的印刷厂。不论是同行还是客户，对汉斯都非常敬重，这都是因为他恪守诚信的缘故。

有人问汉斯他的成功之道是什么，汉斯说："如果我目前拥有的这些称得上成功的话，那这一切都要归功于我的父亲。"

"我的父亲是个很保守的人，每个礼拜天都要求我们全家去做礼拜，然后回家听他为我们解说《圣经》上的故事。父亲很通俗地为我们讲解牧师所说的每一个道理，并且用很多生活上的实例来说明，为什么偷窃和说谎是不道德的。父亲总是强调守信用的重要性，他要求我们言行要一致。"

"我的家境并不好，所以，我的大学是在半工半读的情况下度过的。每天我都要抽三个小时到一家印刷厂去打杂，从清扫房间到送货，什么事都干。就这样做了六年，毕业时，我手里有了一些钱，该做什么呢？我只对印刷厂熟悉，于是决定开一家印刷厂。当时的资金只够我开一家很小的印刷厂，而且是在很偏僻的郊外。从一开始，我就牢记父亲的教导：言行一致。只要与顾客约定了交货时间，即使每天只睡几个小时，我也要信守承诺。只要顾客对成品不满意，我就免费重做一次。就这样，很多与我打过交道的顾客都会介绍新的顾客过来，慢慢地，我就开始赚钱了。"

"不幸的是，就在我刚刚扩大了厂子的规模，引进了新的设备之后没多久，一场大火把一切都烧毁了。保险公司只负责一半的损失，一下子，我成了一无所有的穷光蛋，而且负债累累。身边的人都劝我宣告破产，但我没有这样做，因为我要勇敢地面对我的问题。我用了几年的时间偿还了所有的债务，又建了新的印刷厂。很多人都不相信我还能主动偿还债务，但事实的确如此，我并没有因为突如其来的火灾拖欠别人一分钱。这件事让我赢得了所有债权人和厂商的尊重与信赖。从那以后，我的事业一帆风顺起来。所以，要说我的成功之道，还是父亲说的那几个字：言行一致。"

华人首富李嘉诚在介绍自己的成功经验时也曾经说过："做事先做人，一个人无论成就多大的事业，人品永远是第一位的，而人品的要素就是诚信。"因为诚信是一种长期投资，唯有长期遵守诚信的原则，才能建立和维护你的信誉、品牌和忠诚度，也才有可能得到可持续的成功。

在当今社会，诚信被提升到了前所未有的高度，全国各个领域都建立了针对不同主体的诚信档案，包括企业、组织、个人等。比如一个人如果有不良的信用记录，日后买车、买房、贷款都会受到影响，这就是诚信缺失的后果：人们会用一种怀疑的眼光看待你，不管你办什么事情、走到哪里，都会遇到一堵厚厚的墙，更不会有人主动帮助你。

虽然有些欺骗的手段可会为你带来一定的近期效益，但最终的后果肯定是负面的。而诚信可能让你亏掉一时的钱财，却为你赚来一生的信誉。信誉就是财富，重信誉的人，往往会在众人的帮助下站起来，不会陷入孤立的绝境。走在立业路上的年轻人，在做事之前要学的第一堂课就应该是诚信，这是立业之道，更是做人之道。

## 亲和力是一种重要的人格魅力

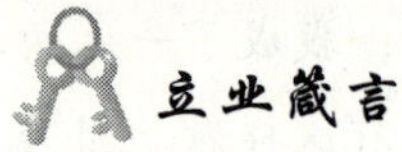


亲和力是一种重要的人格魅力，会让人萌生亲近的愿望。谁都喜欢与具有亲和力的人沟通和交流，这种特质会让他在人生的道路上一帆风顺。

谁都喜欢与富有亲和力的人沟通和交流，对于冷若冰霜的人自然而然的产生距离感，这很正常。那么，在生活中，怎么做才能让别人乐于接近自己呢？很简单，只要你让自己变得更有亲和力。

美国前邮政部长詹姆士·法利是个非常具有亲和力的人，他也是个知道如何让别人喜欢自己的专家。下面的故事就能说明这一点。

那是发生在费拉德菲尔城举办的一次“读书和读者”活动上的事。当法利先生和其他几个演讲者一起到宾馆去吃午餐的时候，他们在走廊里遇到了一位推着餐车的女服务员。于是他们绕过餐车走了进去，这位服务员丝毫没有注意到他们。这个时候，法利先生向她走了过去，并且伸出手说："嗨，你好，我是詹姆士·法利，很高兴认识你，能告诉我你的名字吗？"当这个女孩看到法利先生向自己打招呼时，感觉十分惊讶，目瞪口呆地站在那里，但随即，她的脸上绽开了甜美的微笑。

这是一个真实的故事，詹姆士·法利没有因为自己位高权重而自高自大，而是主动与人打招呼，这种亲和力让那位女服务员和其他人乐于接近他，与他相处，这正是他的成功之处。

亲和力确实是一种重要的人格魅力，许多伟大人物都具备这种品质，比如中国前总理周恩来、美国总统林肯等。亲和力会让人萌生亲近的愿望，亲和力会使得陌生人也"一见如故"。人们总是喜爱与谦和、温良的人交往，而不会心甘情愿地将自己置于一个冷漠无情的人之下。

就个人而言，亲和力有利于人的身心健康，减少心理障碍产生的几率。人们社交的范围越广，精神生活就越丰富，亲和力就越强，心理发展也就越平衡。亲和力是培养良好个性、求取知识、获得事业发展必不可少的重要条件，也是建立友谊、发展友谊的坚强动力。只要动机纯正，亲和力就会帮你赢得众多朋友，让你在人生的道路上一帆风顺。

那么，我们该如何表现自己的亲和力呢？

1. 平易近人，轻松自如地同别人交往

在与人交往时，不要给他造成压力，不要让他有一种紧张感。你的言谈举止要显得自然，要面带微笑，不要给人一种冷若冰霜的感觉。因为一个桀骜不驯、不合群的人既得到不到别人的欢迎，对方也不会给你向自己靠近的机会。

2. 要体贴他人，替他人着想

一个体贴别人的人，总会设身处地为别人着想，不让对方紧张、拘束，更不会让别人尴尬难堪。据说，莎士比亚就具有善解人意的美德。在和人交往的过程中，他宽容灵活，能根据交往对象的不同特点，随着时间、地点的变化进行应变。

3. 大方得体，不卑不亢

这样的人总能博取别人的喜欢，因为他们拥有开阔的胸襟，特别懂得尊重别人，永远不会因为一件小事而大发脾气，永远给人一种淡定的感觉。他们懂得对人要谦卑、要大方、要有礼貌，即使自己在处于优势地位一样能散发出大方得体、不卑不亢的魅力。

4. 要真正忠诚和具有爱心

要想让别人亲近你，你必须具备一些最基本的品格，那就是要忠诚、正直和具有爱心。事实上，只要你具备了这些基本品格，你也就拥有了受人欢迎的基本特质。

## 责任感比能力更重要

责任感比能力更重要。一个人即使能力再强，如果缺少了责任感，做事时就只剩下应付，这样的人注定无法做出任何成绩。

一个人能力再强，如果缺少责任感，就无法创造价值。而一个愿意为事业全身心付出的人，即使能力稍逊一筹，他的责任感也能够使他创造出最大的价值。

一位伟人曾经说过："人生所有的履历都必须排在勇于负责的精神之后。"责任感能够让一个人具有最佳的精神状态，精力旺盛地投入自己所做的事，并将潜能发挥到极致。

某化妆品公司的老板重金聘请了一位副总裁，想通过他的努力提高公司产品的市场占有率。从这位副总裁的履历上来看，他的确非常有能力。他毕业于哈佛大学，到这家化妆品公司之前，曾经在三家企业担任高层主管。他非常擅长资本运作，曾经带领一个五人团队，用三年时间将一个20人的小企业发展成为员工上千人、年营业额五亿多美元的中型企业，创造了令同行称道的“旋风速度”。有这样一位出色的助手在身边，老板对他寄予了厚望。但一年多的时间过去了，公司产品的市场占有率并没有多大起色。也就是说：这位拿着百万年薪的副总裁并没有创造出多大价值，这是为什么呢？

困惑的老板找到人力资源咨询师寻求解决办法。他说：“我相信他的能力绝对没问题，可是为什么在我的公司，他并没有出色的业绩呢？”

“你了解他具备哪些能力吗？”一位人力资源咨询师问。

“当然，我重金聘请一位副总裁肯定是非常慎重的，而且在请他来之前，我请专业的猎头公司对他进行了全面的能力测试，测试结果令我非常满意。而且，从他的履历上来看，他的确具备这些才能。”老板回答。

了解了这些情况，人力资源咨询师对老板说过几天会给他答复。

在经过深入沟通之后，咨询师终于找到问题的症结所在：原来，那位副总裁是一个勇于接受挑战的人，工作的难度越大，越能激起他奋斗的欲望，他随时都有一种准备冲锋陷阵的冲动。在刚刚进入公司的时候，他满怀激情，决心干一番大事业。可后来，他觉得老板对他不是完全的信任，可能怕他会挖公司的墙角，而且老板凡事喜欢亲力亲为，经常越级指挥。这让副总裁感觉自己形同虚设，英雄无用武之地。久而久之，他就觉得越来越没劲，对公司失去了认同感，在工作上也丧失了斗志。

了解到这些情况之后，咨询师把老板和副总裁请到一起，共同分析公司授权和指挥系统方面的不足，明确了作为老板的职权范围和作为副总裁的职权范围，制定了公司的授权制度，以及组织指挥原则。通过他们的共同努力，事情发生了很大的变化，那位副总裁几乎像变了一个人，他作出了很多成绩，而且，老板也和他成了不可分离的亲密战友。

副总裁为什么一开始没有做出任何成绩？就是因为他对公司失去了认同感，在工作中缺少了责任感的支撑。实际上，副总裁本人是极富责任感的，他的能力也是一流的，但他在那家公司里起初的无所作为和以后的成功表现就证明了：责任感比能力更重要。一个人有能力的人，如果缺少了必需的责任感，在工作中就只有懈怠和应付了。

微软前总裁比尔·盖茨说："人可以不伟大，但不可以没有责任心。"这句话很简单，也很实在。一个人只有具备高度的责任感，才能在工作中力求尽善尽美，把每一个环节都做到最好。即使出现问题，他也会在第一时间站出来找出解决的方法，对工作负责到底。所以，如果你很有能力，再加上超强的责任感，肯定会让你成为一个卓越的人；如果你能力一般，那就用责任感来弥补吧，成功不会拒绝一个具有极强责任感的人。

## 诚实的人才是真正聪明的人

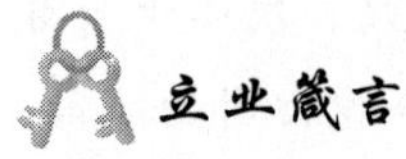


要想赢得别人的好感、肯定，首先就要做个诚实的人。不要以为欺骗和耍小聪明能让你获得成功，从长远来看，只有诚实的人才能收获更多。

立业离不开别人的好感与支持，但如何获得别人的好感和支持呢？有学者研究发现，最受人们欢迎的品质就是真诚、诚实。当今社会，虽然屡屡出现诚实的人被冤枉被利用的情况，但这并不代表诚实已经过时，相反，正因为尔虞我诈的人太多，诚实就成了非常难得非常可贵的品质，也是刚毕业的年轻人最应该具备的人格特征。

18 世纪美国伟大的科学家富兰克林曾经说过"一个人种下什么，就会收获什么。"如果你种下的是欺骗和弄虚作假，收获的只能是一个虚无缥缈的未来。现在很多企业在用人标准上也注意一个人是否"诚"。他们可以接受一个人的某些不足与缺陷，但绝不容忍员工的自作聪明和不诚实。在品质与技能的天平上，品质重于技能。因为一个人自身技能不好或学有不足，可以通过培训学习来达到要求；

而一个人不诚实，往往会瞒上欺下、弄虚作假，影响工作和单位的声誉。

不要以为欺骗和耍小聪明能让你获得成功，从长远来看，只有诚实的人才能收获更多。

冯超和朋友李清前往一家公司应聘。那家公司待遇优厚，参与应聘的人不少。面试结束后，主考官说还需要复试一次，让他们四天后再到公司来。

四天后，他们早早地来到公司。公司总经理亲自为他们安排了当天的工作：给他们每人一大捆宣传单，让他们到指定的街道各自发放。

冯超抱着传单，来到了划定的地盘，见人就发一张。有的人接过去了；有的人连理都不理；有的接过去就随手扔在地上，他只好捡起来重发。忙碌了一整天，可手上的传单还剩厚厚的一叠。

下班时间到了，冯超拖着疲惫的身躯回公司交差。走进公司办公室，他看见其他人都已经回来了。李清一看到他就说："你怎么还留那么多传单在手中？"冯超一看大家手上都是空的，心头慌了。

总经理问冯超发了多少，他顿时涨红了脸，把剩下的传单拿出来，难为情地说："我做得不好，请原谅！"在回住处的路上，李清一个劲儿地说他，骂他傻，并告诉冯超自己的传单也没发完，剩下的全都扔进垃圾桶了，其他人想必也是如此。冯超这才恍然大悟，恨自己愚钝不开窍，心想这份工作自己肯定没指望了。

但结果却大大出乎意料。在那次招聘中，冯超成了唯一被录用的人，这个结果让人感到很纳闷。半年后，冯超因为业绩突出，升任部门经理。在庆典晚宴上，他询问总经理当初为何选择了他，老总说："一个人一天能发放多少传单，我们早就测试过。那天我给你们的传单，用一天时间肯定是发不完的，其他人都发完了，唯独你没有，这里面说明什么，就很简单了。"

其实，诚实的人才是真正聪明的人，那些虚伪的人只能冠以"小聪明"的头衔。他们有时候可能会获取一些短暂的利益，但最终一定会被自己的小聪明伤害。你要明白，他人对你的信任，首先来自于你对他的诚实。如果你不以欺骗的手段让别人来爱你，别人才会给你诚实而安全的情感。你越是想靠欺骗的手段掌控局势，你就越不能得到自己渴望的东西。

只有当别人认为你是个靠谱的人，别人才会愿意接近你、信任你继而肯定你、接纳你，诚实也会升华自己，让更多的人支持你，帮助你取得更大的成功！

## 别轻易许诺，许诺就别食言

### 立业箴言

要想取得别人的信任，你就必须做出承诺，而且一旦承诺，便要负责到底，即使过程中遇到困难，也要坚守诺言。

几天前，你可能跟朋友约好周末一起去郊游，当时你觉得这是一个很棒的计划。但是，到了周五晚上，你却发现自己根本抽不出时间去做这件事，因为你还有工作要做，或者领导通知你周末要开会，又或者你发现自己身心疲惫，周末只想在家好好睡上一觉，无奈，你只好很抱歉地告诉朋友：郊游取消。朋友可能嘴上不会说什么，心里却会觉得你轻诺而寡信。

想一下，你是否也经常这样轻易地许下承诺，却发现自己根本做不到。这是现代人的通病。为什么人们总喜欢承诺一些他们在将来无法做到的事情？美国的两位学者曾深入研究过这种现象，研究发现：人们都会把自己想做的事情安排到以后的时间里，他们认为以后会比现在有更多的时间，也正是基于这种想法，人们会很轻易地许下承诺，却越来越发现自己根本就没有时间兑现承诺。于是，轻诺寡信的现象就出现了。

其实，时间问题只是人们轻诺寡信的一个原因，还有一些人把诺言看得很轻，他们很容易把“好的”“没问题”说出口，却没有认真想过自己能否做到，我的朋友小陈就是这样的。

小陈的家境不太好，他从小就懂得要比别人付出更多的努力。事实也证明，他非常节俭、勤奋，工作中从不偷懒，而且有才华，业务能力出色，一个广告创意拿到他手里很快就可以变成漂亮的策划。他身上几乎具备了所有成功者的素质，我们都认为小陈的成功只是时间问题。

出人意料的是，小陈在单位工作了好几年，薪水没见涨，职位也是原地踏步，我们都很纳闷，难道是领导对他有偏见？

后来接触多了，我才有所了解。小陈有个致命的缺点，就是经常对客户许下一些难以兑现的承诺。每次跟客户吃饭，吃到高兴处，客户问他能否帮忙在某报纸、杂志或电视媒体以优惠价格留出一个黄金区域或黄金时段的广告空位时，他总是毫不犹豫地答应："当然没问题，这方面都是我负责，一句话的事儿！"

但是，客户下次来电话询问相关事宜时，小陈便慌了神。原来，他手中的媒体资源手里的广告合约早就签完，近期根本不会有黄金空位留出来。可是话已经说出去了，他只好硬着头皮向客户道歉、解释，甚至是说谎，但是一个谎言出来了，就要用另一个谎言去圆，时间一长，小陈说的谎越来越多，有时候甚至会自相矛盾，客户就不再相信他了。

遗憾的是，小陈并没有意识到这个问题，他经常对我诉苦："现在的业务真不好做，客户都跟大爷一样难伺候。"

我说："你每次满口答应客户的要求时，有没有想过会做不到？"

小陈显得很委屈："我并不是有意要欺骗他们，如果当时我不答应，他们还会继续跟我谈吗？"

对于小陈的这种辩解，我很无语。这就像是一个恶性循环的怪圈，他为了拉拢客户而许下无法兑现的承诺，客户却因为这些无法兑现的承诺而不再相信他，最后导致的结果就是，小陈这样一个具备诸多成功潜质的人，却因为轻诺寡信而离成功越来越远。

其实，很多事都是这样，你一个善意的甚至是无意的谎言，在别人看来就是你许下的承诺，一旦无法兑现，就会给别人留下言而无信的印象。所以，对于自己没有把握的事情，一定不要轻易答应。你可以用"我试试看""我不一定能做到""你不要把希望都寄托在我身上"等话来回复对方。这样，如果这件事情你没有做到，对方也不会怨恨你，因为你并没有给他承诺，他也不会对你心存百分之百的希望，更不会毫无价值地等待；如果你把事情办好了，对方在欣喜之余就会非常感激你，因为在你没有把握的情况下，还能为他争取，他会觉得你非常够意思。

相反，如果你轻易答应了对方，无疑就会在他心里播下希望，此时，他可能就会死心塌地地指望着你帮他实现，而不会求助其他的外援，如果你没有做到，不仅会破坏别人的计划，还会让他对你大失所望，也会破坏你在他心目中的形象，以后他不会再相信你。

你永远要记得，在与人交往时，不论双方关系怎样，当需要向对方许诺时，都要三思而行。在答应对方提出的要求时，事先也一定要经过深思熟虑，反复斟酌。要从自己的实际能力以及客观可能性出发，切忌好大喜功、草率行事。

子曰："言必行，行必果。"就是教我们为人处世要言行一致，慎言慎行，不要轻易承诺，一旦承诺就要竭尽全力付诸实施；否则，作出承诺又不能实现，就会落下人品不好的名声，成为自己日后发展的障碍。

## 为人做事，心怀感恩

与其发牢骚不如怀着一颗感恩的心去实干，太多的牢骚只能证明自己缺乏能力。无法解决问题，才会将一切不顺利都归于种种客观因素。

几乎在任何场合，我们都能听到各种各样的牢骚与抱怨，这些人对一切都心怀不满：朋友、老板、同事、甚至家人，在他们眼中都有值得埋怨和批评的地方，朋友背信弃义、老板不够大方、同事小肚鸡肠、家人不够善解人意……可是，在他们的抱怨声中，一切并没有向好的方向发展，反而越来越糟糕。

抱怨者总是把责任推到别人身上，却看不到自己的错误和不足，抱怨成了不负责任和不够忠诚的借口。这样下去，他们在抱怨中越发浮躁，做事沉不住气，逐渐失去各种机会，慢慢的，就落在了别人的后面。所以，抱怨是一种可怕的习惯，它巨大的负面力量足以断送一个人的前程。没有人喜欢和一个满腹牢骚的人相处，太多的牢骚只能证明你缺乏能力，无法解决问题，才会将一切不顺利归于种种客观因素。

其实，有发牢骚的时间还不如怀着一颗感恩的心去实干。不论做任何事都会积累很多宝贵的财富、失败的沮丧、自我成长的喜悦、温馨的工作伙伴、值得感谢的客户……如果你每天都能怀着一颗感恩之心去做事做人，很快就会成为一个出色的人。

有一个学习计算机的年轻人，大学毕业后四处求职，但暑假过去了，他依然没有找到理想的工作。

终于有一天，报纸上登出一则招聘启事，一家新成立的电脑公司需要招聘电脑技术人员20名，但需要考试。年轻人感觉到机会来了，他在报名后就潜心复习，后来终于从200多位报名者中脱颖而出。

走上工作岗位后，年轻人才真正认识到自己的知识欠缺太多。公司每晚要留值班人员，家住本市的同事都不愿意值班，他就索性搬到单位住，包揽了所有值班任务。每晚9点关门后，他就在办公室拼命钻研电脑知识，比读大学的时候还勤奋，工作两个月后，他就已经成为公司的技术骨干了。

这时，年轻人的生活依然是艰难的，试用期三个月，每月的工资只是勉强能够维持生活。可是这份工作来之不易，他懂得知足常乐的道理。他努力工作，表现得相当优秀。两年后，他考取了国际和国内网络工程师资格证书，成为一名网络工程师，他逐渐得到公司领导的器重和同事们的好评。几年过去，随着公司的发展壮大，不到30岁的他就凭借出色的业绩在这家公司拥有了很高的职位，并拥有一定股份，前景良好。当人们问起他的成功经验时，年轻人谦虚地说："其实也没什么，我就是懂得感恩。我知道这份工作来之不易，于是我每天都为自己能有幸拥有眼前的这份工作而感恩，为自己能进这样一家公司而感恩。这样，我便有了前进的动力，再苦再累的活也难不倒我了。”

英国作家萨克雷说：“生活就是一面镜子，你笑，它也笑；你哭，它也哭。”心存感恩，不仅能够让别人感觉到温暖，更能让自己生存得更好，可以说，感恩表达的是对别人的感激之情，得到的却是自己的好心情与舒适的生活、工作氛围。这是一种生存智慧，懂得感恩的人更容易受欢迎，因为懂得感恩的人才能用一颗平和宽容的心去对待别人，也只有懂得感恩的人才会珍惜眼前的一切，并努力做到最好。

感恩既是一种良好的心态，也是一种神奇的力量，感恩能令我们这些年轻人心态平和，感恩能够点燃我们的激情，也能够激发我们无限的潜能，令我们无论从事任何事业都可以更投入、更愉快。心怀感恩之情的人，能视万物为恩赐，无论生活在何地何处，或是有着怎样特别的经历，只要胸中常常怀着一颗感恩的心，随之而来的，就必然是诸如温暖、浪漫、优美这一系列美好的感受，你的生活也会日渐光彩夺目起来……

## 远离嫉妒，懂得欣赏他人

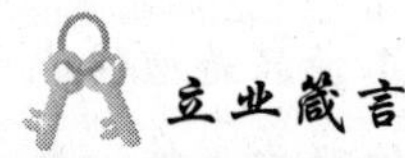
立业箴言

成功缘于欣赏他人。一个懂得欣赏他人的人拥有一颗广博的心，能够看到自己与他人存在的差距，促使自己不断进步。

大千世界，纷繁复杂，由于天分和境遇的不同，有人飞黄腾达、意气风发，有人穷困潦倒、默默无闻。但芸芸众生中，有一些人虽技不如人，对别人的成绩却嗤之以鼻，“妒人之能，幸人之失”，从而上演了一场场丑陋的嫉妒闹剧。

在现实生活中，“红眼病”就是心胸狭窄者的表现。他们不能容忍别人比自己强，因为别人评上比自己高的职称而指桑骂槐，因为某人得到领导的厚爱而愤愤不平，因为别人的生活条件比自己好而郁郁寡欢，这就给本已不太平静的生活平添了许多烦恼和纷扰。

嫉妒，是腐蚀心灵的一剂毒药。

在《现代汉语词典》中，嫉妒的解释是：对才能、名誉、地位和境遇比自己好的人心怀怨恨。它是一种思想上的腐蚀剂，是一种不积极进取而消极忧伤的自毁心理。有嫉妒之心者，往往自高自大，看不起别人，置别人的成绩于不顾，贬他人的才干如草芥。当别人取得一些成绩时，他的心理便会失去平衡，怨天尤人，一门心思地搞阴谋诡计，损人利己。

一家电器公司的销售经理近来产生了明显的危机感。她手下一个职员的销售业绩不断上升，眼看就要赶上自己了。而一旦如此，按照公司“能者上，平者让，庸者下”的规定，她就得拱手让出已经坐了五年的经理位置，大笔奖金和福利都将化为乌有。所以，她妒火中烧，一直在想办法保住自己的位置，她最后甚至采取了极不光彩的行为。

她打听到这位职员的最大客户的联系方式，偷偷地做起了公关。她向对方的采购部经理许诺给其一定回扣，条件是让其取消或推迟这位职员的大订单。她哪里知道对方的采购经理就是老板娘，而企业是私营企业，回扣这一套根本就行不通，而且对方对她这样的行为非常反感，并将之告知了那位业务员。业务员早就受够了她的气，忍无可忍，就如实向公司反映了这一情况。在证据确凿的情况下，销售经理提前下岗。

每个人都有争强好胜的心理，适度地秉持这种心理，能让我们发挥更大的积极性，激发内在的潜能，但如果这种心理过度膨胀，甚至到了不可控制的程度，则不仅有损于他人，对自己也会产生极大的伤害。《三国演义》中，周瑜就是这样一个颇爱嫉妒、不能容人之长的人。他见诸葛亮处处高自己一筹，便妒火中烧，屡次加害，一有机会就施计要孔明难堪，可他的妒火并没有给诸葛亮带来一丝一毫的损害，反而把自己烧死了，还留下了千古笑名，这种嫉妒实在害人害己。

真正强大的人，做法正好与此相反。他们会像大海那样欣赏和包容别人身上的优点，不断地取长补短，以融合的心态，谋求共同进步。这样既消除了隔阂，结交了人脉，又为自己扫除了前进的障碍，还能促使自己不断进步，是最为明智的一种做法。

刘军到一家著名的软件公司求职，顺利地通过了第一轮测试，成了十位入围者之一。公司的第二轮测试内容很简单：让每位入围者按要求设计一件作品，当众展示，并让另外九人打分，写出相关的评语。

刘军在评分时，对其中三个人的作品非常佩服，怀着复杂的心情给他们打了高分，并写下了赞语。令他意外的是，最后他入选了！而更令他意外的是，他欣赏的那三个人中只有一位入选！他不明白这是为什么。

后来，还是这家软件公司经理的一番话使他幡然醒悟。经理说："入围的十个人可以说都是佼佼者，专业水平都较高。但公司更为关注的是，入围者在相互评价中，是否能彼此欣赏。因为，庸才自以为是，看不见别人的长处，若对对方视而不见，那就显得太心胸狭隘了，从严格意义来说那不叫人才。落聘的几位虽然专业水平不错，但遗憾的是他们缺乏欣赏对手的眼光，而这点较专业水平其实更重要。"

面临时下日趋激烈的竞争，能否具有欣赏别人的眼光和接纳别人的胸襟，是非常重要的。只有具备了这样博大的胸襟，才能取长补短，团结协作，共同进步。

成功缘于欣赏他人。不肯欣赏他人的人，实在是很不幸的。欣赏他人，会给你带来幸福、友谊和成功。要知道，排斥他人对自己没有一点帮助，弄不好还会两败俱伤。相反，如果以一颗广博的心，抱着欣赏的态度，则能赢得人心。如果你能把与别人的差距当成进取的动力，使对手变成你的朋友，便会更加有利于你的成功。

# 借力富人，成功不是穷人的独角戏

# 一个人所处的圈子，决定了他的人生高度

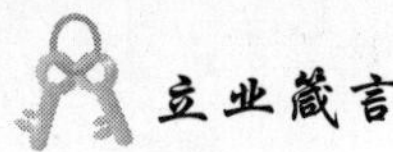

**立业箴言**

要想成为什么样的人，就要首先结交什么样的人。要想成功，就要多结交成功人士。不要总抱怨自己没有成为想象中的那个样子，要首先看看自己结识了多少那样的人。

俗话说“物以类聚，人以群分”，在社会上生存，每个人都会有自己所属的群体，那个群体，也就是我们所说的“圈子”，人的思维习惯以及未来所取得的成绩都会受到圈子的影响。试想，如果一个人身边大多是成功人士，那么这个人多半不会是一个平庸无奇的人。因为，一个人所处的圈子，能够决定他的人生高度。同样，一个人所处圈子的质量，也可以看做是这个人的身份象征。就像有人说的：“在一个成功的团队里，没有失败的人；在一个失败的团队里，没有成功的人。”

在谈到自己的成功秘诀时，比尔·盖茨说：“因为有很多成功人士在为我工作。”著名成功学大师陈安之也提到：“先为成功的人工作，再与成功的人合作，最后让成功的人为你工作，你与之交往的人就是你的未来。”虽然表达不同，但他们的话都蕴含着同一个道理，那就是：你所处的圈子影响你的人生。

只要注意观察，你就不难发现，不同的人所处的圈子是不一样的，因此他们的人生也有很大不同。据说，李泽楷家中实木装饰的餐厅里挂满了镜框，上面镶嵌着他与一些政界要人的合影，其中有新加坡前总理李光耀和英国前首相撒切尔夫人。看看这些合影，不用多说，大家就能明白李泽楷处于怎样的一个圈子中，而他本人自然也会有与之相称的身份和身价。所以，你想成为怎样的人，首先就要进入这类人的圈子，只有成为他们的“圈内人”，你才会对他们有更加深入的了

解，才会得到圈中人更多的帮助。所以，如果你现在是穷人，迫切地想成为富人，就要主动与富人建立关系，进入富人的圈子，这会对你的发展起到重要作用。

哈里森来到丹佛市，住在第2大道的一套小公寓里，他想在这里开始创业生涯。初来乍到，人们并不认识哈里森。因此，他必须计划好为自己的房地产事业铺平道路的每一个步骤。他要做的第一件事就是尽快加入该市的“快乐俱乐部”，去结识那些出入俱乐部的社会名流和百万富翁。对哈里森这样一个无名小辈来说，要想进这样高档的俱乐部，实在是件很不容易的事，但他还是决定去大胆尝试一下。

哈里森第一次打电话给“快乐俱乐部”，刚说完自己的姓名，随着一声斥责，电话就被对方挂了。哈里森仍不死心，又打了两次，结果仍遭到对方的嘲弄和拒绝。“这样坚持下去，将会毫无结果。”哈里森望着电话机喃喃自语。突然，他心生一计，又拿起了电话。这次他声称将有东西给俱乐部董事长。对方以为他来头不小，连忙将董事长的电话号码和姓名告诉了他。

哈里森立即打电话给“快乐俱乐部”的董事长，告诉他想加入俱乐部。董事长没说同意也没说不同意，却让哈里森来陪他喝酒聊天。

通过聊天，哈里森逐渐与这位董事长建立了良好的个人关系。几个月后，在董事长的特殊关照下，他如愿以偿，成为“快乐俱乐部”中的一员。在俱乐部中，哈里森结识了许多富商巨贾，建立了良好的关系网。

1972年，丹佛市的房地产业陷入萧条时，大量的坏消息使这座城市的房地产开发商严重受挫，丹佛人都在为这个城市的命运担忧。然而，在哈里森看来，丹佛市的困境对他来说无疑是天赐良机。那些从前他可望而不可即的地皮，现在可以以较低的价格任意挑选收购了。就在这时，哈里森从朋友处得到一个消息：丹佛市中央铁路公司委托维克多·米尔莉出售西岸河滨50号、40号废弃的铁路站场。

哈里森凭着自己敏锐的眼光和经验判断：房地产萧条是暂时性的，赚大钱的好机会终于降临了。为此，他把自己拥有的几个小公司合并起来，改称为“哈里森集团”，使自己更具实力。第二天一早，哈里森便打电话给米尔莉，表示愿意买下这些铁路站场。

他们很快便达成协议：“哈里森集团”以200万美元的价格购买了西岸河滨的

两块地皮。不久，房地产升温，哈里森手中的两块地皮涨到了700万美元。他见价格可观，便将地皮脱手了。

经过许多人的帮助以及自己的努力，哈里森终于挖到了人生的第一桶金。此后，他开始了在美国辉煌的经商生涯。

要想成为富人，就要先让自己像个富人，想方设法进入富人的圈子，和富人有某种接触。这样，即使你从富人那里得不到直接的帮助，也能通过借助富人的"光环"，提升自己的身价，充实自己的"背景"，让别人不敢轻视你。

一个人所处的圈子，决定了他的人生高度。这个圈子不在大小，而在质量。如果你的圈子多达数百人，却鱼龙混杂，对你无法产生有益的影响，那也毫无意义；如果你的圈子只有寥寥数人，却个个都是精英，能够助你攀登成功的巅峰，那么它就值得用心经营。总之，一个人所处的圈子，不在大，不在多，而在精。

## 学会在关系中找关系

多个关系多条路。一个人手中掌握的关系越多，他的关系网就越强大，他所能获得的帮助就越多，做起事来也更加游刃有余。

如果你是一个需要富人帮助的穷二代，可是你又根本不认识富人，该怎么办呢？不妨从你认识的人入手，通过你认识的人与你不认识的人攀上关系，这是最常用的方法。比如，你认识一个卖电脑的朋友，现在你需要找人参考买一辆汽车，而你卖电脑的朋友正好有一个非常精通汽车的亲戚，那么，你就可以通过卖电脑的朋友来认识他这个精通汽车的亲戚，这就是关系套关系，一个人手中掌握的关系越多，他的关系网就越强大，他所能获得的帮助就越多，做起事来也就更游刃有余。

有这样一个故事：

孟桐在一家建筑公司工作，那年正赶上他所在的城区要进行基础设施改造，正面向全城的建筑公司进行招标。老板把这件事交代下来，并且暗示孟桐，如果这件事办成了，就会升他做副总经理，这是孟桐渴望已久的。可是，在全市大大小小几十家建筑企业中，他们的公司并不是最强的，没有必胜的把握，这该怎么办呢？孟桐非常困惑。不过，他并没有放弃。孟桐认为：要想中标，关键就在于这次工程招标的负责人。那么，怎么才能结识这位负责人呢？冒昧的拜访是不行的，一定要有个引荐者，而且，这个引荐者要对这位负责人比较熟才行。孟桐绞尽脑汁，将自己的关系网梳理了好几遍，还真找到了一个意识这个人的朋友。

孟桐赶紧给这个朋友打电话，请他引见一下，但朋友说这位负责人非常洁身自好，不喜欢拉关系走后门，所以他们如果上门拜访，肯定不会有好结果。不过，朋友说他知道这位负责人有个爱好，就是每逢周末下午必到郊区的鱼塘钓鱼。孟桐意识到这可能就是结识这个人的绝好机会。于是，他也准备好了渔具，在周末下午来到郊区鱼塘。不过孟桐并没有钓鱼，而是一声不吭的在旁边看那位负责人垂钓。每当负责人钓上一条鱼，孟桐都露出极其羡慕的表情。过了一会，负责人注意到了孟桐，见他拿着渔具却没有钓鱼，就很好奇地询问他。孟桐说："我还不会钓，只是觉得钓鱼是一件非常修身养性的事，所以想学学。而且，在旁边看您钓鱼，也是一种享受。"几句话，说的负责人非常高兴，两人越聊越投机，不知不觉就谈到了各自的职业。孟桐说到了自己的难处，还顺便介绍了下公司的实力。负责人虽然没说什么，但是他心里对孟桐和他所在公司的印象都不错。

后来的一段时间，孟桐每周下午都会去郊区鱼塘，随着他与负责人的关系越来越好，到正式招标时，孟桐所在的公司一举中标，老板却很快提升他做了副总经理。孟桐的人脉网中，从此也多了一条对他事业发展极为有利的"大鱼"。

这就是关系的巨大力量，孟桐的那位朋友虽然没有将他直接引见给那位工程负责人，但他提供的信息却非常有价值。如果孟桐的人脉网中没有这样一个朋友，他就不可能对工程负责人有所了解，更不可能投其所好，结识这个人，更不可能顺利中标，那他升任副总经理的愿望也就会落空。

有人说，中国是一个人情社会。为什么是人情社会？就是因为关系套关系。比如，张三与李四原本并不相识，但张三是王五的朋友，李四也是王五的朋友，那么，他们就极为可能通过王五而产生联系。那么，在张三有事的时候，李四和王五就都会来帮忙，而且，他们还可以动用自己手中其他的关系来帮助张三，由此来看，关系的重要性不言而喻。如今，很多人已经深刻地认识到这一点，并懂得利用关系来助自己成事。所谓“多个朋友多条路”，就是这个道理。

但是，关系并非越多越好，关系网也并非越复杂越好。很多人每天忙于维护关系，在关系网中疲于奔命，一旦有事，却根本得不到有益的帮助。这样的关系网虽大，却漏洞百出、死结连连，没有实际的价值。所以，建立关系网也应该有针对性、有选择性，将那些能够为自己提供帮助的人纳入关系网，并及时梳理和筛选，这样，才能保证你手中的关系网一直有效。

## 走出“开心网”，融入现实“开心”圈

**立业箴言**

**沉迷于网络社交的年轻人必须承认这样一个事实：在网络中再密切的关系一旦走进现实，也可能变得不堪一击，线上再频繁的互动也比不上经常见面聊天的关系铁。**

近两年，类似于开心网、人人网等社交网站开始广为流行，其中设置了包括日记、相册、动态记录、转帖、社交游戏等在内的丰富多样的社交工具，使那些每天因为忙于工作而忽略了社交的人们可以与家人、朋友、同学、同事在

轻松互动中保持更加紧密的联系，帮助他们以网络为平台搭建起活跃而庞大的线上社交圈。

这些社交网站的用户多为年轻人，通过社交工具的应用，他们每天都可以与很多原本认识的或不认识的人进行互动，问候一句，在娱乐的同时又沟通了感情，的确在某种程度上扩大了自己的人际圈子。但不可否认的是，网络社区毕竟是虚拟的，在网络中再密切的关系一旦走进现实，也可能变得不堪一击，线上再频繁的互动也比不上经常见面聊天的关系铁。所以，年轻人不要仅仅沉迷于网络社交，要走出家门参与各种现实生活中的社交活动，主动与人结交，营造真实的人脉网络。

宁浩是多个社交网站的忠实用户，每天打开电脑的第一件事，就是登陆各个网站，先与各位朋友打一遍招呼，然后轮流去偷一遍菜，再玩几个小游戏。一般这个过程就要耗费将近一小时的时间，但宁浩认为每天用这么点时间就能与朋友、同学、同事沟通一下感情，非常值得。

后来，宁浩遇到一点困难需要筹一笔钱，可是翻遍了手机上的电话簿，想遍了所有经常联系的人，却发现还是无法找到一个关系好到可以借给自己钱的朋友。他也试探着在网上跟一个朋友表达要借钱的意思，对方开始还跟他称兄道弟，一听到他要借钱，就立刻下线走人了。最后，无奈的宁浩还是靠着家人的帮助才渡过了难关。

这次经历之后，宁浩感到非常郁闷：为什么平日那么多朋友，可到自己需要帮助的时候，却没有一个能伸出援手呢？后来，在跟公司一位年长的同事聊天时，宁浩谈到了这件事，还感慨了一番世态炎凉、人心不古，年长的同事却说："你们年轻人有时候太过于依赖网络了，每天上班时要用电脑，下班后宁愿待在家里上网也不出去参加一些社交活动。没事和朋友在网上联络一下当然可以增进感情，但如果你们多年不见面，只靠网络来维系，这种关系肯定是不牢靠的。我每周都要和不同的朋友聚会，大家一起聊聊工作和生活中的事情，有时候还会彼此介绍几个新朋友。这样，我的社交圈越来越大，一旦有事要朋友帮忙也很少会被拒绝，毕竟大家还要见面的。"

听了年长同事的话，宁浩才知道自己的问题出在哪里。

如今，很多人都因为工作与生活范围的限制，除了自家人和亲戚关系之外，联系的人很少，人际关系非常贫乏。他们大多过着“两点一线”的生活，就是只在家庭和工作单位之间来往。其实，外面的世界非常精彩，如今的通讯手段又非常发达，只要你愿意主动与人交流，天南地北到处都可以有你的朋友。

那么，我们如何才能做到主动和别人交流呢？有这样一句话：“对方的态度是自己的镜子。”在日常的人际交往中，有时你感觉“他好像很讨厌我”，其实这正是你讨厌对方的征兆。因为你的这种态度，对方也会察觉到你好像不喜欢他，自然的，两个人之间的关系就会越来越疏远。其实，在这种情况下，只要你主动敞开心扉，与对方交流，你就会发现，对方的态度并不会如你想象般恶劣，相反，他可能很乐意与你结识，并且以成为你的朋友为荣。

主动是营造好的人脉网络的必备条件。一切自卑的、畏首畏尾和犹豫不决的行为，都只能导致人格的萎缩和为人处世的失败。拿破仑说进攻是“使你成为名将和了解战争艺术秘密的唯一方法”，在交际中也是如此。我们不仅要善用网络与别人互动、沟通，还应该主动走出去、主动与人交往，积极融入现实生活中的“开心圈”。

## 慧眼识人，发现那些能够帮助自己的人

**立业箴言**

任何人如果想在事业上获得巨大成功，首要的条件是要有鉴别人才的眼光，能够识别出他人的优点，并学会“借”用他们的这些优点，为自己办事。

在人生的道路上，总有一些人会在需要的时候对我们伸出援手，帮助我们渡过难关，甚至改变我们的命运，但怎样才能找到这些人呢？这就需要我们练就一

双善于识人的慧眼，及时发现那些能够助我们一臂之力的人，这是走向成功不可或缺的一种能力。

洛丽卡是一个年轻漂亮的女孩子，她的嗓音很好，能歌善舞，而且非常勤奋。她不久前参加了一个选秀节目，取得了不错的成绩，并开始在娱乐圈崭露头角。为了进一步提高知名度，她需要有人为她包装和宣传，最好是有一个公关公司能够专门为她打理这些事务，但洛丽卡的家境并不好，她没有钱聘请那些专业人士，所以最好的办法就是：能有一家这样的公司看到洛丽卡的潜力，主动与她签约，为她处理这些事。

一次偶然的机会，她遇上了罗拉。罗拉曾经在一家很大的公共关系公司工作了好多年，是这方面的行家，而且积累下了广泛的人脉。不久前，罗拉才注册了自己的公关公司，正在到处发掘有潜力的艺人，希望能够通过捧红他们而在公共娱乐领域站稳脚跟。而且，对于罗拉这样新成立的公司来说，那些当红的艺人是信不过他们的，他们也不愿意接受那些没有任何名气的演员或歌手，毕竟，那样做失败的风险太大了。所以，在洛丽卡之前，罗拉还没有签到合适的艺人，她的公司几乎要支撑不下去了。

虽然罗拉的公司还没有成功的捧红过任何一个明星，但洛丽卡认为，这是她最好的选择，而且她相信罗拉的经验与人脉，肯定能让她成功。罗拉也看中了洛丽卡有成为明星的潜质，她们一拍即合。接着，罗拉开始利用自己的人脉让洛丽卡参加各种大型活动，接受报纸、杂志的采访，并在影视剧中频繁露面，而洛丽卡也充分发挥了自己的天分，用自己甜美的笑容和无敌的亲和力吸引了一大批的支持者。而随着洛丽卡的成名，罗拉的公司也一炮打响，名利双收。

在这个故事中，洛丽卡和罗拉可以说都是彼此的贵人，她们都有一双善于识人的慧眼，发现了对方身上所具备的能够让自己成功的能力。于是，在亲密的合作中，洛丽卡和罗拉都达到了自己的目的。如果当时洛丽卡向其他人一样，认为罗拉的公司实力不够，而没有与她签约，或许她早就因为缺少包装和宣传而退出了娱乐圈。同样，罗拉如果没有发现洛丽卡身上可以成为明星的潜质，或许她的公司已经倒闭了。所以，任何人如果想成为一个行业的领袖，或者在某项事业上获得巨大的成功，首要的条件是要有鉴别人才的眼光，能够识别出他人的优点，并学会“借”用他们的这些优点，为自己办事。

那么，如何能够及时发现那些能够帮助我们的人呢？如果你还没有练就一双识人的慧眼，那就不要轻视你遇到的每一个人，即使目前他正处于不利的境遇中，也不要忽视来自他身上的潜能。这样你才不会错过任何可以“借力”的人。

## 有内涵，同时要有外表

立业箴言

一个人仅有内涵是不够的，外表也同样重要。即使你蓬头垢面的外表下有一颗金子般的心，别人可能也不会有兴趣研究。

当你看到一个陌生人时最先注意到是他的哪部分？我想大多数人都会异口同声地说：“当然是他的外表了。”确实是这样，尽管我们都知道，并常常提醒自己“人不可貌相”，绝不能仅仅通过外表去评判一个人，但我们往往又不自觉地去喜欢外表好看的人。可见，外表在人际交往中确实起着非常重要的作用，对人们的判断、行为产生着极大的影响，甚至给人留下难忘的印象，这就是心理学上所说的“美女效应”。

美国著名心理学家沃尔特和阿伦森等人曾针对“美女效应”，即外表魅力对人的吸引因素进行了一系列实验：他们举办了各种类型的宴会，给一些原本陌生的人制造见面机会，或者让他们看照片，然后询问他们愿意和谁约会，结果表明所有人都愿意和那些外表漂亮的人约会。

在我们周围，如果你细心一点，也会发现一个很有趣的现象：一些没有特殊才能的人，仅凭漂亮外表就能轻而易举地结交很多朋友，而且大家都愿意接近他。

之所以列举这么多实例，就是想让年轻朋友认识到：一个人仅有内涵是不够的，外表也同样重要。即使你蓬头垢面的外表下有一颗金子般的心，别人也不会有兴趣研究。过于看重外表当然是没必要的，但外表的确不容忽视。

孟桐是某大学计算机系的高材生，他非常喜欢自己的专业并且沉迷其中，所以常常对自己的仪表疏于打理。同宿舍的同学有时候嫌他太邋遢，孟桐却说："外表比内涵更重要吗？我不想做一个徒有其表的人。"

转眼间，大学生活结束了，大家都开始找工作。孟桐也向当地一家最好的网络公司发了简历，他觉得以自己的能力肯定能得到这份工作。可是，最终孟桐被那家公司拒绝了，理由是：他太不注意自己的外表。我们来看看孟桐面试时的形象：

一头鸡窝似的乱发，一副高度近视的眼镜，一件灰不溜秋的毛衣，一条穿了很久的牛仔裤，一双已经看不出颜色的运动鞋，手里拎了一个脏乎乎的双肩包……孟桐就这样站在了面试官的面前。

看到他的样子，面试官皱起了眉头，但还是很客气地问："小伙子，你平时很忙吗？""嗯，还可以。"孟桐并没有意识到面试官的言外之意。"那么，你连理发和洗衣服的时间都没有吗？"面试官有些不悦了。"这……"孟桐不知道该如何回答。"本来，看过你的简历之后，我非常欣赏你。可是现在看来，你或许并不适合这份工作，也可以说你并不适合我们公司。而且，我不相信一个连自己的外表都打理不好的人能做出多么出色的工作。不好意思，你可以走了。"面试官下了逐客令。"可是，外表真的有那么重要吗？"孟桐还是不甘心，对方却冲他摆了摆手，不愿再说一句话。

员工代表着公司的形象，邋遢的外表会让人感觉其所在的公司也是不专业的。那些大型公司的员工都会有统一的着装，这使他们更容易获得他人的信赖。因为人们普遍存在着一种偏见，就是认为外表有吸引力的人是善良的、有趣的、坚强的、镇静的、外向的、有教养的，他们更尊贵、生活更充实、社交和职业上更成功。总之，我们似乎一直在使用一种简单的刻板印象或定势思维，即美的就是好的。想当然地认为长得好看的人也拥有优秀的品质。

当然，思维定势让我们觉得外形好的人只是快活的、智慧的，自我控制力强，具备社交技巧等，但是它不会影响我们对于其操守的判断。美貌有时候会有副作用：太漂亮的人常被认为爱慕虚荣，处世随便。但即便如此，外貌好看的人给陌生人的印象也要好过长相一般的人。

现实生活中，很多不拘小节的人认为外表无关紧要，这种看法往往使他们在社会上受挫且不自知。事实上，外表是诱发人际吸引的首要因素。如果你想在人际交往中如鱼得水或是想跟只有一面之缘的人继续交往下去，就必须注重的外表，特别是比较重要的场合一定要精心打扮一番，别让自己输在外表上。

## 穿上“红外套”，让人记住你

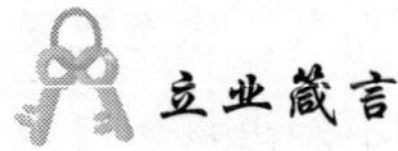


要想得到别人的关注，就要采取与众不同的方式，多在别人面前曝曝光，让他们看到你的能力与潜质，他们才会乐意帮助你。

也许你是一个聪明绝顶的人，有着足够的胆识和谋略，但是，如果你不展示出来，你的一切努力就毫无意义。这是一个追求效益的时代，让别人看到你的存在，看到你的成绩，你才能有意想不到的收获。同样，要想获得那些成功人士的帮助，你就要多找机会在他们面前表现自己，引起他们的关注和兴趣。

有一个贫穷的美国少年，他很想知道怎样才能变得富有。一天，他经过一个工地，看到一个穿着很气派，老板模样的人正在指挥工人干活。

少年勇敢地走上前去，问那人：“请问你们在做什么？”

“我们要盖一座摩天大楼，给我的百货公司和其他公司使用。”对方回答道。

“我很想成为您这样的人，我该怎么做呢？”少年以羡慕的口吻说道。

“第一要勤奋工作……”老板模样的人说。

“这我当然知道，还有吗？”

“买件红外套穿！”

少年不明白：“这和成功有什么关系？”

“有啊！”那人顺手指了指前面的工人道，“你看他们都是我的手下，但都穿着清一色的蓝衣服，所以我一个人也不认识，可是……”他又指向另外一位工人：“你看那个穿红衣服的，他的技术和其他人差不多，但他的不同之处总是能让我注意到他，过几天，我还准备请他做我的助手呢。”

听了那位老板的话，少年若有所思。多年以后，他通过自己的努力也成了一名非常著名的成功人士，他就是以后名震全球的钢铁大王——卡内基。

在别人都穿蓝衣服的时候，那个工人却偏偏穿着红衣服，这种与众不同的做法让他赢得了老板的关注，并得到了青睐。勇敢地穿上“红外套”，让别人记住你，成功有时就是这么简单。

当然，我们所说的“红外套”并不仅指装扮，更重要的是过硬的实力。否则，你即使靠外表赢得了别人的关注，最终也会因为徒有其表而无法成功。

爱迪生生前唯一的合伙人是巴纳斯，最初，一无所有的他在爱迪生身边做的只是清洁工和修理工的工作。后来，爱迪生发明了口授留声机，但在当时，这种机器并不好卖，所以销售情况很不理想。这时，巴纳斯主动申请做了留声机的销售员，却依然拿着清洁工的薪水。

销路打不开，巴纳斯的工作也很不好做，他跑遍了整个纽约城，才卖掉了七部机器，其实这已经是个不错的业绩了。但巴纳斯并不满足，他总结了这段时间的销售经验，制订了口授留声机的全美销售计划，然后把计划拿给爱迪生看。爱迪生看后，很欣赏他的计划，也被他的细致和努力打动了，并最终同意巴纳斯成为他的合伙人。就这样，巴纳斯成为爱迪生一生中唯一的合伙人。

巴纳斯主动向爱迪生展示了自己创造性的工作，因此得到了爱迪生的赏识，所以才从一名小小的清洁工成为爱迪生的合作者。

在立业的道路上，谁都希望自己能够一帆风顺，一夜成名，可是如果你是个小人物，又不懂得展示自己的才华，即使你非常努力，成功的几率也会非常小。而如果你的才能得到别人的赏识，尤其是得到那些掌握你命运的人的赏识，成功就会变得容易很多。

要想得到别人的关注，你就应该采取与众不同的方式，多在别人面前曝曝光，让他们看到你的能力与潜质，即使你是一穷二白的穷二代，他们也会乐意帮助你。

## 跟社会关系总量大的人交往

每个人拥有的交际资源都是有限的，如何才能最快、最有效地营造更广阔、更有价值的社会交际网呢？很简单，与那些社会关系总量大的人交往就可以。

年轻人在结交朋友的时候，一定要擦亮自己的眼睛，尽量结交这样的人：他是交际达人，他交友遍天下，他关系密如蜘蛛网，走到哪里都受到热烈的欢迎。概括来说，就是那种社会关系总量很大的人，他有着层层的关系网络，无论做什么事，他都能易如反掌、举重若轻。

这种人正是刚毕业的我们急需结识的，一旦认识了这样的“龙凤人物”，并且跟他相处好，那么他的朋友就会是你的朋友，他的关系也会是你的关系。从这个角度来讲，这种人是社交网络中最有价值的一种人。他们也正是我们千方百计要结交的人。

当然，这种社会关系总量大的人，一般都是有身份、有地位的人，很难与之相识。但是反过来说，无论做什么事都是有困难的有没有真正的能耐结识这些人才是关键。有很多人总是能够成功地“攀龙附凤”，然后他们真的“鸡雀升天”，成为大人物。

许飞就是这样一个从一文不名的大学生，“一飞冲天”跨入成功者行列的人。

大学毕业后，许飞怀揣着梦想与激情来到北京闯荡。与很多初来北京的年轻人一样，他满脑子都是幻想却又觉得无处下手。但是，许飞的运气不错，在一次偶然的机会中，他结识了某外资银行副总裁董先生，这成为他在北京创业成功的开始。

原来，许飞在北京租的房子是董太太的，而董太太又恰好是许飞的老乡。许飞与董太太都是健谈的人，一来二去，他们就熟识了。谈论的话题也更加随意，大到人生、事业，小到生活中的各个细节。随着他们交情的逐渐加深，许飞获得了董太太的欣赏和信任。再经过董太太的推荐，董先生也对许飞有了不错的印象。后来，当许飞说到自己对未来事业的期许和打算，准备创业但缺少资金的时候，董先生认为他的想法不错，于是想办法帮他筹集到了资金。在他的帮助下，许飞的事业顺风顺水，一举成功。

正是通过结交社会关系总量大的董太太，许飞一个刚刚毕业的“嫩娃子”才能与身为外资银行副总裁的董先生相识，并演绎一出“男版灰姑娘变身记”的故事。虽然这只是一种巧合，但这个巧合却改变了他的人生，这不得不让人慨叹：结识那些人脉广的人真是能改变一个人的命运啊！

在现实生活中，我们每个人拥有的交际资源都是有限的，你能够花在人际交往中的时间、经历、金钱等资源也是有限的。那么，如何才能最快、最有效地结识到尽量多的高质量朋友，营造更广阔、更有价值的社会交际网呢？很简单，就是与那些社会关系总量大的人交往，这将是你最明智的做法。这种方法可以使你在较短时间内快速扩充你的社会资源总量，最大限度地增加你成功的筹码。

结交到这种人，是年轻人社会交际的一个目标。唯有多认识这样的人，才能对我们的事业推波助澜，产生积极恒远的影响，让我们在立业之路上不再绕圈子，直入捷径！

# 学会聪明地推销自己

立业箴言

在这个时代，酒香也怕巷子深。过于谦虚只会让人轻视你，所以，在适当的时候“自抬身价”，聪明地推销自己来引起别人的重视是非常必要的。

俗话说“王婆卖瓜，自卖自夸”，这种做法是正确的，如果王婆只是谦虚地说自己的瓜不太好，那还有谁会买呢？刚毕业的年轻人需要的正是这种“自夸”的做法。这不再是“酒香不怕巷子深”的年代，过于谦虚只会让人轻视你，只有在适当的时候“自抬身价”，聪明地推销自己才能赢得别人的重视和尊重。

《战国策·魏策》中有这样一个故事。

战国时期，周躁出访齐国，目的是想在那里谋得个一官半职，但是他深知自己的名声还不至于让齐王对自己封官加爵，于是他对在齐国做官的朋友宫他说：“我想作为齐国的特使访问魏国，如果齐王能给我支持，我会试着让魏国与齐国的关系日趋密切。”

宫他听了忙着回答说：“你可不能这么说，你这样说的话就等于贬低了自己，承认自己在魏国不吃香，这样的人，齐王又怎么会重用呢？”

周躁听后觉得也是这么回事，于是继续问道：“那你说我该怎么说呢？”

宫他想了想说：“你不如自信满满地问齐王对魏国有什么期望，然后告诉他你可以倾魏国之力满足齐王要求。这样说齐王必定以为你在魏国是个很有影响力的人，自然会厚待你。然后你再去魏国，对魏王说自己能够倾自己全力，满足大王对齐国的要求。这样魏王也必定不会小觑你，会重用你。你看，这样做你既可以

**打动齐王，又能打动魏王。”**

于是周躁按照宫他的说法去做了，果真达到了自己的目的。周躁原本既没有名声也没地位，但他在朋友宫他的建议下，得到了齐、魏两国的重用，这全靠他假借魏国之名抬高了自己，进而达到了在齐国谋职的目的，然后又假借齐国之名让魏国也重用了自己，真是一举两得的事。

其实，在这个商品社会中，人也是一种“商品”，各有各的价值。所以，你应该懂得如何自抬身价，让别人认同和肯定你的价值。人都有这样的心理，就是更愿意相信那些价格昂贵的商品，认为“一分钱一分货”，而对于那些价格低廉的商品却心存质疑，总认为“便宜没好货”。要想别人尊重和重视你，你就得把自己的身价定得高一些，让人无法忽视你。

因此，做个聪明人，巧妙地推销自己，你一定会有意想不到的收获。当然，自抬身价不能随意而为，要坚持以下几条原则：

1. 适度

也就是不要抬得过高，脱离现实，只会让你摔得更惨，所以抬高后的身价要与你的才能等值，比如你有七分的才能，可以抬出九分的身价；如果你一个月只能赚三千多，那么你可以对外宣称赚四千，这样别人才会相信是真的，因为有的时候，你的半斤八两别人还是了解的，再说你本来是个小公司的小文员，非要说自己赚八千，谁会相信呢？

2. 参考行情

在抬高自己身价的时候，要明白当时的行情，如果你能力足够，可以适当地把身份抬得比行情高一点，一定不要低于行情，否则会给人“低价倾销”的感觉，让人把你当成“廉价品”看待，提不起重视。当然，也不要高出行情太多，除非你是天才，要么就要有成绩做后盾，否则就会被人当成疯子看待。

3. 看准时机

平时不要有事没事就跟人谈你的“身价”，这只会被人看成在吹嘘，反而没有人再相信你。那么什么时候才是恰当的时机呢？比如有人问的时候，大家议论的时候，或是有人准备“买”的时候，都是自抬身价的好时机。

不管你从事的是什么行业，担任的是什么职位，都不要过于谦虚客气，适度地自抬身价吧，就算是被人笑话，也好过自贬身价，而且一旦成功了，还会让你的身价攀升。

## “狐假虎威”这招很有效

年轻人可以学学狡猾的狐狸，用“狐假虎威”这一招，借用别人的名气和威望，来为自己的成功铺路。

在狐假虎威的故事中，狐狸借着老虎的威望在森林里大摇大摆，虽然我们认为狐狸过于狡猾，但在社会上生存，有时候却需要我们学习“狐假虎威”这一招，借用比较知名的人或事物来为自己造势。

其实，当今社会上的人已经在广泛且频繁地运用“借力”这种手段。尤其是借名人之力。在人际交往中，它不失为一种提高自身形象，扩大影响力的策略和技巧。你可以巧借名人，如谈话中常出现一些身份很高的人的名字，你在别人眼里就不同寻常；巧借名地，如有地位有身份的人常去的地方，你不要不好意思表白，这也可以作为提高你身份的资本；巧借名言，如请社会名流为你题个词，请专家教授为你写的书作个序，请明星为你签个名等。被社会承认，是人的正常追求，而借助名人提高自己的知名度，就是被社会所承认的方式之一。

最善于借力的代表是三国时期的曹操。曹操挟天子以令诸侯，东征西伐，打的就是“吾今奉诏讨汝”，“孤近承帝命，奉诏伐罪”的旗号，这种附和道义的借口让他在诸侯混战中占了大便宜。

秦末农民起义，项梁硬是要找到楚怀王的一个孙子推为楚王，就是想借楚怀王的影响力号召老百姓，他的影响比一般人要大得多，而且也有了明确的形象定位，顺手拈来便可事半功倍。

而说到向名人“借力”，美国的一位出版商更是技高一筹。

这位出版商手里积压了一批滞销图书，久久不能卖出，很是烦恼，他苦苦思索之后想出了一个主意：给总统送去一本书。忙于政务的总统不愿与他多纠缠，便回了一句：“这本书不错。”出版商便借总统之名大做广告，“现有总统喜爱的书出售”，于是，这些书一抢而空。不久，这个出版商又有书卖不出去，又送了一本给总统，总统上过一回当，想奚落他，就说：“这书糟透了。”出版商闻之，脑子一转，又做广告：“现有总统讨厌的书出售”，不少人出于好奇争相抢购，书又售尽。第三次，出版商将书送给总统，总统接受了前两次的教训，便不作任何答复，出版商却大做广告：“现有令总统难以下结论的书，欲购从速。”居然又被一抢而空，总统哭笑不得，商人却借总统之名大发其财。

借着总统的名气，出版商大发其财，真是让人佩服。如今，各商家也都意识到了人气的重要性，在众多同类产品里面，那些请名人代言的就会率先成为名牌产品，从而身价倍增，被消费者青睐。因为，在普通人的思维中，有这样一种心理习惯：名人推崇、赞赏的东西，质量、性能也一定过硬，无需再去怀疑，同时社会上也存在一种模仿名人的风气。更何况，现在很多名人都有自己的粉丝，他们的一举一动都会引起粉丝的模仿，甚至追捧，他们用的东西就会引起一阵购买热潮。因此，借助名人的人气来创造商机，无疑是一条成功的捷径。

想成就大事的人，不妨学习一下那位美国的出版商，巧借名人的声望给自己造势。或许你与这些名人并没有直接的接触，但千万不要认为他们与你毫无关系。只要能够借到他们的人气，就等于把他们纳入了你的人脉网络。更不要认为“人气”是虚无缥缈的东西，一旦你做到了，你就会发现自己想做的事情会顺利很多，财富也随之滚滚而来。

由此来看，“狐假虎威”不再是个贬义词，一无所有的年轻人要学会像那只狡猾的狐狸一样善借别人的声势，这是 种智慧，也是走向成功的一条途径。

# 心智成熟好立业，成长比成功更重要

# 阅历要随着年龄增长

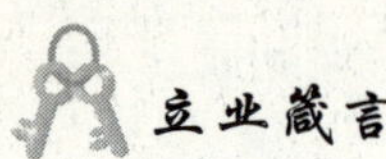

立业箴言

在社会上，心无城府并不是值得称道的优点，而是很傻很天真的代名词。一个人在成长的过程中，阅历也理应随之增长。

一个人如果被评价为“城府太深”，就表明这个人心机太重、不够坦率、不够真诚，让人看不透更不敢与之毫无保留地交往。很多年轻人更是将“心无城府”看做单纯美好的代名词并引以为豪。可是，在社会上生存，“心无城府”就代表着很傻很天真，它可能会成为个人发展的障碍。

于丽是出生在1986年的可爱女孩，她是家里唯一的女孩子，从小就被家人像小公主一样宠爱着。上学之后，漂亮又聪明的她也深得老师和同学的喜爱。就这样，于丽一直到大学毕业都没遇到过什么挫折，这也导致她在待人接物上还保持着非常天真的风格，不够成熟。

工作后，于丽还跟以前一样，把每个同事都看做自己的朋友，说话直来直去，毫无避讳。开始同事们也都跟她嘻嘻哈哈的，一段时间后，她发现同事们都在故意躲着她，开始她还不明白什么原因，直到后来老板找她谈话，她才发现自己犯了大忌。

公司章程里有一条规定，禁止员工之间相互打听薪水。但因为发了薪水之后，有个同事说：“我怎么发现自己这个月的薪水少了好多啊，小于你发了多少？”于丽当时并未多想，就把自己发的薪水如实告知。当时同事没说什么，于丽也没把这件事放在心上。谁知，这位同事后来却以此为依据，去质问老板为什么自己的薪水比于丽少，老板很气愤地对于丽说：“你没有看过公司的章程吗？公司是不允许同事间互相打听薪水的。她问你是她不对，但是你也不该把具体数目透露给她。当初你进公司时，我是看中了你从名校毕业，又有相关的工作经验，所以给你定的工资比别人高一些。现在别的同事知道了，都会觉得不公平，你让公司陷入了不被信任的危机。我对你，真的很失望。”

听了老板这番话，于丽觉得很委屈，自己真的不是有意的，也根本没想到会有这么严重的后果，以后该怎么和同事相处呢？

在社会上，心无城府并不是值得称道的优点，太过天真的人很容易被人诋毁、中伤，成为众矢之的。

年轻人一旦走出校门，人与人之间的关系就会或多或少地与利益有关，这不同于之前的同学关系或者朋友关系那样轻松、随意。这种关系的本质决定了人与人之间不能走得太近，但也不能走得太远。太远了会让别人觉得你孤高自诩，不利于人际交往的开展；太近了则会让人失去戒备之心，说话做事没有分寸，不知不觉就陷入困境。因此，不要认为“心无城府”是优点，随着年龄的增长，你的城府也应该增长，阅历要知道自己应该可以和怎样的人交往，要明白什么话该说什么话不该说，什么话又该模糊地说，要清楚哪些话是可以随意谈论而那些话是不能触及的……这些“城府”都是在社会上生存所必须掌握的。

要想成为一个立业者，首先就要让自己从心智上真正成熟起来，心有城府，了解人性，洞悉世事，善于保护自己，只有这样，你才能避开陷阱，在立业之路上稳步前行。

## 别把自己太当回事

### 立业箴言

很多你自认为了不起的事情，在别人看来可能根本不值一提。所以，不要太把自己当回事，更别妄想要求别人也把你当回事。

一些刚毕业的年轻人总是眼高手低。做简单的事情觉得委屈自己，做困难点的事又做不来，还特别自以为是，别人批评一句，他反驳三句。在工作中更是拈轻怕重，稍有点不舒服就请假休息……总之，就是太把自己当回事，认为自己的想法与感受最重要，恨不得别人都围着自己转。

其实，人最不容易看清的就是自己，过于在意自己往往会让你丧失很多机会。

晓娜是某大学中文系的高材生，在校时她就是文学社社长，文笔非常好，毕业前又出版了自己的随笔集，在同学的一片羡慕声中，晓娜也觉得很得意，有几个人能像她一样还没毕业就出版了自己的作品呢。所以，到找工作时，晓娜也是气定神闲，她认为，只要把自己的作品亮出来，用人单位肯定抢着要，找工作还不是手到擒来的事情？

她在网上看到当地一家有名的杂志社在招聘编辑，晓娜没有投简历，而是直接带着自己的一本书去了杂志社。没等对方开口，她就先介绍了自己一番，然后很骄傲地拿出自己的书来，对主编说："我想到你们社来做编辑，我相信自己绝对有这个能力，这本书就是最好的证明。"谁知，主编并没有像她想象中那样"爱才心切"，马上拍板，而是淡淡地笑了笑说："不好意思，我们社里有一套自己的招聘流程，你可以先去参加人力部门组织的笔试，如果笔试成绩通过，我们会通知你来面试，两项成绩都合格，才会被录用。"

听了主编这番话，晓娜有些失望，但她还是说："那把我的书送给您一本吧，有时间的时候可以看一下。"主编点了点头，就继续忙自己的工作了。

参加完笔试，晓娜就一心等着杂志社给她打电话通知面试，她认为自己的成绩肯定没问题。可是，几天之后还是没音讯，晓娜坐不住了，又来到了杂志社。

"有什么事吗？"总编看起来好像根本不认识她。

"我是那个读书期间就出了作品集的应届毕业生，还送了您一本书，不知您看过没有？"晓娜回答。

"哦，想起来了。现在笔试成绩已经出来了，你接到面试通知了吗？至于你送给我的书，很抱歉，我还没时间看。"

“我不知道为什么自己没接到面试通知，但我认为自己是这份工作最合适的人选。只要看过我的书，您就会知道。”晓娜很骄傲地说。

听了晓娜的话，主编放下手里的工作，慢慢地说道：“大学期间就出了自己的书，这的确值得称赞，你自己可能也认为是非常了不起的事情，但这并不代表别人也会把这看得很重要，更不能要求别人因此就聘用你。”

最终，晓娜没有被这家杂志社聘用，因为她的笔试成绩并不好。

的确，很多你认为值得引以为傲的资本，在别人看来却算不了什么。尤其是刚刚毕业的年轻人，很多你看来了不起的事情，在有阅历有能力的人眼中，可能根本不值一提。所以，千万不要太把自己当回事，更不要做一个自己没实力却怪别人没眼光的人。别人的认可与器重不是要求来的，而是通过自己持之以恒的奋斗与努力争取来的。

## 不要轻易放纵自己

**立业箴言**

一个人要想征服世界，首先要做的就是战胜自己。如果一个人连约束自己都做不到，我们还能指望他做好什么？

心智成熟的人都是能够自我约束的人，他们有很强的自控能力，能够抵制诱惑，使自己的言行符合法律和道德的规范，懂得有所为有所不为。只有这样的人才能克服人性自身的惰性以及消极、逃避、随意等缺点，获得事业上的成功。

自我约束的能力并非天生，大多是后天培养起来的。要想培养这种能力，就要时刻反省自己，同时注意别人的提醒，接受别人的批评，让自控力成为自然，直到形成不可改变的习惯。

从小，吴强的父母对他的约束就不是很严格，他们总是说："孩子，我们相信你有自控能力，知道什么该做什么不该做。"事实上也是如此，在很多方面，吴强也比别的孩子做得好。比如：放学后他总是先把作业写完再去玩，而不像其他的小伙伴一样，先玩够了才不情不愿的写作业。

后来，随着年龄越来越大，吴强接触的人也越来越多，他也开始养成了一些不好的习惯。13 岁时，吴强学会了吸烟。他当然知道这是错的，但禁不住别人的劝诱。

回家以后，父亲闻到了他身上的烟味，问道："你今天吸烟了？""嗯。"吴强连头也不敢抬。"为什么吸烟呢？"父亲的声音听上去并没有生气。"我们学校很多男孩子都吸烟，他们告诉我味道很好，于是……我保证我就吸这一次，以后不会了。"吴强回答。"孩子，虽然吸烟看上去是一件很小的事，但如果你没有自我约束力，这次吸一根，下次就要吸一盒。慢慢地，你就会染上烟瘾，香烟也会伤害你的身体。不仅是吸烟，其他事情也是这样，不要认为一次的放纵没什么，如果不加控制，就会造成严重的后果。到时候，你想后悔也晚了。以前，我们没有过于约束你，就是相信你有自我控制的能力，以后，我们依然会相信你，只是希望你能好好想想我今天说的话。"

从那以后，吴强就再也没有吸过一根烟。在以后的生活中，每当他想稍微放纵自己一下的时候，就会想起父亲的话。大学的时候，宿舍里的同学经常一起逃课去打游戏，吴强一次都没参与过，所以，每个学期他都能拿到奖学金。工作之后，吴强也总能心无旁骛，集中精力解决工作上的问题，因此工作效率很高并且屡有突破，提升的也很快。毕业短短几年时间，他已经做到了公司副经理的位置。很多人羡慕他事业有成，吴强却说："当年父亲的一番话敲醒了我，让我明白了自我约束的重要性。如果说我在立业之路上走得比较顺利的话，那肯定要得益于从小培养的自控能力。"

一个人要想征服世界，首先要做的就是战胜自己。从上面的故事中，我们可以领悟到：不要轻易放纵自己，对自己多一些约束能让人变得更强大。一个成功的人必定是一个高度自律的人，所以，如果你想成就事业，拥有自己的一片天空，应该从立业之初就对自己严格一点，有意识地培养自己的自控力。

你可以为自己制定一个短期的目标，比如：下班以后的时间都要用来看书学习，坚持一周。可是，下班之后有同事约你去逛街，或者有朋友找你一起吃饭，你去不去呢？你可能觉得盛情难却，随便耽搁一下没什么的，这样一来，你的计划就泡汤了。所以，要培养自控能力，就要学会如何面对来自外界的诱惑和挑战，不要轻易放纵自己，哪怕只是一件微不足道的事情也不要放松对自己的要求。

不过，自控力的养成绝不是一朝一夕的事情，需要长期坚持才能完成。这需要有恒心有毅力，让自我控制成为一种习惯、一种生活方式，你的人格和智慧就会因此而更趋于完美，成功也会离你更近。

## “初生牛犊”也要懂得敬畏

**立业箴言**

年轻人最忌讳的就是凭着一股“初生牛犊”的生猛劲儿，藐视一切，把谁都不放在眼里。其实，正因“初生”你才更应该懂得心存敬畏，尊重别人。

年轻人具备“初生牛犊不怕虎”的气势当然是好的，这代表着敢想敢做、不畏艰险、勇往直前的精神。但在某些时候，特别是在人际交往中，“初生牛犊”也要心存敬畏，懂得尊重别人，把别人当做重要人物对待。只有这样，你才能得到别人同样的尊重和重视。因为每个人都有这样一个愿望：使自己的自尊心得到满足，使自己被认可、被尊重、被赏识。一旦你满足了别人这样的愿望，使他有一种自身价值得到实现的优越感，别人自然也会给你同样的回报。

韩雨刚进公司时，觉得自己刚毕业没有资历，而且只有普通的本科文凭，在这个人才济济、50% 员工都是硕士学历的公司没有任何优势，所以她事事注意，处处小心，对每个人都心存敬畏。在工作上遇到不太明白的事就谦虚地请教，订餐时肯定会跟办公室的所有人都问一遍，只要是比她年长的同事都会称呼一句“姐”或者“哥”，别人不愿做的杂事她也都会主动承担下来……

开始，大家都没把这个不太起眼的小姑娘放在眼里。过了一段时间，韩雨与同事们渐渐熟悉了，但她还是像刚进公司时一样，对每个人都很尊敬，大家也都觉得她很懂事，人又谦虚好学，工作上也非常认真仔细。特别是公司那些年龄稍大些的同事，见过很多张扬跋扈、眼高手低的年轻人，更是觉得韩雨这个小姑娘非常难得。

这不，到了年底评选，韩雨高票当选了“年度最佳新人”，得到了公司领导层的认可，还获得了一笔不少的奖金。她用自己对别人的尊重，换来了别人对她的尊重。

所以，要想在人际交往中如鱼得水，就永远不要贬低别人，更不要刺伤别人的自尊心，因为，只有尊重别人，别人才会尊重你。你满足别人的精神需求，别人才会满足你的精神需求。当然，尊重别人不是耍耍嘴皮子就可以了，你必须付诸行动。

下面几个要点，你一定要牢记于心：

1. 多用尊称、敬语

俗话说：礼多人不怪，多叫别人几声“老师”、“前辈”，多说几个“您”、“请”、“非常感谢”、“多亏您的帮助”之类的话，对你来说并没什么损失，却能给别人留下很好的印象。

2. 不要给人自命清高的感觉

对于别人的批评和意见，你要虚心接受，即使有不对的地方，也不要当面反驳，不要什么事都认为自己正确。学会从别人的角度考虑问题，慢慢改变你的固执。

3. 用包容的心宽以待人

如果别人不小心侵犯了你，不要得理不饶人。宽容别人就是宽容自己，过于刻薄只会导致你与对方关系的疏远，还会失去你身边的朋友。

4. 不要给人冷漠的感觉

如果你给人一种冷若冰霜的感觉，别人会认为你看不起他，没把他放在眼里，也会一样对你冷漠无情。如果你周围的人诚恳地向你征求意见或诉说苦闷，你却摆出一副心不在焉或不感兴趣的样子，即使你心里并没有不尊重对方的意思，你的行为也已经伤了对方。

5. 永远不要贬低别人的能力

当你的朋友或同事在某一方面做出成就时，你应该给予真诚的赞扬，而不是对其成就进行有意无意地贬损。即使他们的工作能力不强，也不要贬低，否则不但会使你们的交往陷入困境，还会激起更深层次的矛盾，甚至反目成仇。

## 坚持在别人背后说好话

在背后说别人好话的效果非同一般，它以戏剧性的方式给别人以极大的满足。所以，当你希望与某个人建立良好的关系，就坚持在背后说他的好话吧。

谁都喜欢听好话，这似乎是人的本性。当来自别人的肯定和赞美使其自尊心和荣誉感得到满足时，人们也会情不自禁地感到愉悦和鼓舞，并对说话者产生亲切感，这时彼此之间的心理距离就会因一句好话而缩短。

但在背后说别人的好话，比当面夸奖别人的效果要好得多。你当面说，人家可能会认为你是在奉承他、讨好他。而你在背后说，人家会认为你是真诚的，发自内心的，不带个人动机的。从而让他感觉这种赞美才是真实的和富有诚意的，在荣誉感得到满足的同时，也会对你会产生信任感。

假如你当着上司或其他同事的面当面赞美上司，别人会认为你是在拍上司的马屁，是阿谀奉承，容易招来周围同事的轻蔑。不仅如此，这种正面的歌功颂德在上司看来也是在讨好自己，不但起不到好的效果，还会让上司感觉你华而不实。与其如此，倒不如在上司不在场时，大力地对之“吹捧一番”。而这些好话，总有一天会传到上司耳中的。

你在与同事们闲谈时，可以随意说上司几句好话：“龚经理这人真不错，大方忠厚，也一直很支持我，能为这样的人做事，真是幸运。”这几句话很快就能传到龚经理的耳朵里。龚经理心里会不由得产生欣慰和感激之情。而那位员工的形象和地位，也会在他的心目中上升。就连那些“传播者”在传达时，也会忍不住对那位员工夸赞一番：“这个人心胸开阔，人格高尚，难得。”

其实，在背后说别人的好话，才能极大地表现说话者的“胸怀”和“忠实”，有事半功倍之效。比如，你夸赞上司，说他办事公平，不徇私情，从来不会“抢功”，那么，往后上司再想“抢功”时，便可能会手下留情，因为他也要维护自己的形象。

可见，在背后说别人好话真的是有百利而无一害，我们何乐而不为呢？

在《红楼梦》中有这样一段情节：史湘云、薛宝钗劝贾宝玉去做官，贾宝玉大为反感，对史湘云和袭人赞美林黛玉说：林姑娘从来没有说过这些混账话！要是她说这些混账话，我早和她生分了。凑巧这时黛玉正来到窗外，无意中听到贾宝玉说自己的好话，不觉又惊又喜，又悲又叹。结果宝黛二人互诉心声，感情大增。

林黛玉的前后态度为什么有如此大的变化？主要原因是，在黛玉看来，宝玉在湘云、宝钗、自己三人中只赞美自己，而且不知道自己会听到，这种好话不但是难得的，还是无意的，这就加深了黛玉对宝玉的好感。倘若宝玉当着黛玉的面说这番话，好猜疑、好使小性子的林黛玉恐怕还会说宝玉打趣她或想讨好她。

大家都知道德国历史上的“铁血宰相”俾斯麦，他曾经为了拉拢一位敌视他的议员，就有计划地在别人面前说那位议员的好话。因为俾斯麦知道，那些人听了自己对议员的评价，一定会把他的话传给那位议员。后来，正如他所愿，不仅好话传进了那位议员的耳朵里，两个人还成了无话不说的好朋友。

每个人都喜欢好听的话，即使明知对方讲的是奉承话，心里还是免不了沾沾自喜，这是人性的弱点。一个人听到别人说自己的好话时，绝对是满心欢喜的。

设想一下，如果有人跟你说，谁谁在背后说了你很多好话，你能不高兴吗？这种评价，如果是在你的面前说给你听的，或许适得其反，你可能会觉得假兮兮的，或者疑心对方是否别有用心。

所以，“在背后说别人的好话”是赢得人心的一个非常有效的心理策略，也是聪明人为人处世的高明之处。多在别人面前说一个人的好话，是使你与那个人关系融洽的最有效的方法和策略之一。

## 脾气不要大过度量

**立业箴言**

每个人都可能犯下这样那样的错误，倘若一再地求全责备而不肯宽容别人一点瑕疵，这样的人会失去很多人的支持。

有个成语叫“年轻气盛”，很多年轻人非常容易冲动，有点事就大为光火大发脾气，但“人非圣贤，孰能无过？”每个人都有犯错的时候，当你身边的人犯了错误或是损害到你的利益时，发再大的脾气也无济于事，只会使你们的关系恶化。真正聪明的人也是有度量的人，他懂得以宽容之心对待犯错之人，让对方更感激自己。

王鹏飞和刘思远是大学同学，毕业之后他们合伙创立了一家网络公司。开始，公司运转的还算顺利，两人的关系也不错。后来，由于刘思远不听王鹏飞的劝告，采取了错误的决策，导致公司损失了很多钱。王鹏飞非常愤怒，一气之下与刘思远分道扬镳，带着百分之五十的股份独自注册了新的公司。

关于那件事情，刘思远事后也很后悔，他多次找到王鹏飞表示歉意，但王鹏飞根本不听，也不给他任何道歉的机会。后来，王鹏飞结了婚，妻子慢慢也了解了这件事的来龙去脉，她劝王鹏飞应该宽宏大量，毕竟刘思远也不是故意的，即使决策失误，他的初衷也是为了公司的发展。何况他们曾经是那么要好的朋友，不应该因为这点事就断了交情。钱没了还可以再赚，真正的朋友却非常难得。其实，随着时间的推移，王鹏飞的气早就消了，但碍于面子，他还是不想与刘思远联系。

后来，在同学聚会上，久未相见王鹏飞与刘思远碰面了。在同学的撮合下，两人握手言和。

几年后，王鹏飞的公司受到了金融危机的冲击，陷入困境。这时，在一家大型公司担任副总的刘思远毅然放弃了年薪丰厚的工作，到王鹏飞的公司帮助他渡过了难关。经历了这些事情，两人的友谊也越来越牢固。

很多人都知道“生气是用别人的错误惩罚自已”这个道理，但真正做到不生气的人却几乎没有。但是如果因为一点小事就大发脾气，不仅会让自已的身心都受到伤害，也会吓跑身边的所有人。换个角度想想，“退一步海阔天空”，还能为自已营造好的人际关系，甚至为自已赢得一个永远忠心的朋友，何乐而不为呢？

刘宽是汉朝人，为人忠厚老实又有度量。他在南阳做太守的时候，手下的小吏或老百姓做了错事，他通常只是让差役用蒲鞭责打，以示羞辱，并不会施以严厉的刑罚。

一天，刘夫人有意试探刘宽究竟有多宽容，于是在他刚刚穿好朝服准备去上朝时，让婢女端出肉汤，故意洒在刘宽的身上，弄脏了他的朝服。本以为刘宽会大发雷霆，但他不仅没生气，还很关心地问婢女：“肉汤烫到你的手了吗？”

婢女对他感激涕零，干起活来更卖力，从此再也没有出过差错。

刘宽的大度感化了别人，同时也赢得了人心。

不管在生活中还是工作中，都会遇到一些令人气愤的事情，但我们应该学会控制自已的情绪，不要随意发脾气，这对问题的解决没有任何益处，而且没有人会被你的坏脾气吓到，却会因为你的坏脾气对你敬而远之。正如英国诗人济慈说：“人们应该彼此容忍，每个人都有缺点，在他最薄弱的方面，每个人都能被切割捣碎。”金无足赤，人无完人，每个人都可会犯下这样那样的错误，倘若一再地求全责备而不肯宽容别人的一点瑕疵，这样的人就会失去所有人的支持，无法成就任何事业。所以，学着放宽度量去宽容别人吧。把这个习惯慢慢渗透到你的意识中去，当你越来越少地挑剔你的伙伴或朋友，你就能越多地注意到他们的好，你的生活与未来就会越美好。

## 收敛锋芒，低调做人

**立业箴言**

保持低调，才能避免树大招风，才能避免成为别人进攻的靶子。如果你不过分地显示自己，就不会招惹别人的敌意，别人也就无法捕捉你的虚实。

年轻人大多意气风发、锋芒毕露，他们怀着一腔热血和抱负，时刻想展示自己的才华，表露自己的能力，但往往事与愿违，他们的表现不但得不到别人的认可和支持，反而很容易遭到排挤。他们也会感觉很困惑：我已经很努力地做到最好了，为什么还是得不到承认？其实，原因并不是你表现的不够好，而是表现的“太好了”。想想看，你抢尽了所有的目光和风头，却将挫败和压力留给别人，让别人感觉到了威胁，那么招来的肯定是嫉恨和刁难。

当然，有才干有能力是没错的，这也是你的优势，但不能因此就过于张扬，毕竟谁也不喜欢忘乎所以、盛气凌人的人。锋芒毕露永远是为人处世中的大忌，正所谓“枪打出头鸟，刀砍地头蛇”，因此，不管在什么场合，都必须牢记“持盈履满，君子竞竞”的教诫，防止盛极而衰的灾祸。

小曾是一位图书情报专业的硕士研究生，毕业后被分配到北京的一家研究所工作，从事标准化文献的分类编目工作。他认为自己是学这个专业的，又是硕士毕业，自以为比那些原班人马懂得多，刚一上班就对领导的工作作风和单位的工作程序及机制提出了不少意见。

表面上，领导对他说："小曾不愧是这个专业的高材生，的确有能力有才干。"同事们也都表示认同。但现状却没有一点儿改变，他反倒成了一个处处惹人嫌的主儿，被大家在背后视为狂妄、骄傲甚至神经病，工作一年多也没有给他安排什么具体的事情，只是协助别人做一些杂活。

不得志的小曾非常郁闷，后来，一位老同事感觉他这样有点可惜，就悄悄对他说："小曾啊，我当初也同你一样，心高气傲、锋芒毕露，得罪了领导，所以在这个单位一直待到现在也得不到重用。如果你想有好的发展，还是换个单位吧。继续待在这里的话，很难有出头之日。"开始，小曾并没有把这话放在心上。过了一段时间，他发觉所有的人都在有意无意地为难他，连正常的工作都没有人来支持他，他只好跳槽了。临走时，领导拍着他的肩头："太可惜了！我真不想让你走，我本来还准备培养你当我的接班人呢！"

小曾一边玩味着"太可惜"三个字，一边苦笑着离去。

小曾的经历，很多年轻人都曾有过，他们失败的原因就是锋芒太盛，不懂的低调策略。其实，低调绝不意味着卑微，而是一种"以低求高"的强者韬略。生活中我们经常能见到一些貌似平淡无奇、"胸无大志"的人，最后却常常能够"一鸣惊人"，做出出人意料的成绩。这些人，在人生路上选择了低调，他们不张扬不卖弄，却志怀高远、坚忍不拔，凭借着不懈的努力，最终迈入了人生的高标境界。

对于那些已经成就大业的人，很多并非一开始就"高人一等"、风光十足的，他们也曾有过艰难曲折的"爬行"经历，然而他们却能够端正心态不妄自菲薄，不怨天尤人。他们能够忍受"低微卑贱"的经历，并在低调中养精蓄锐、奋发图强，尔后他们才攀上人生的巅峰，享受世人的尊崇。

所以，在现实生活中，我们一定要做一个有智慧的人，在刚开始相互接触或接手某些事情的时候，学会低调，适当地隐藏自己的实力，不过分表现自己。只有这样，才能登上成功的宝座。

## 多说“不知道”，做个谦虚的人

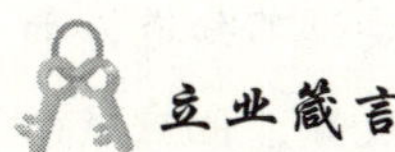

**立业箴言**

谦逊和气比精明逞强更能获得人们的喜爱，细声小语有时比伶牙俐齿更易取得成功。

很多人不愿意说“不知道”这三个字，认为这样会被别人瞧不起，认为自己知识贫乏，能力不够，那岂不是很没面子？而且还怕别人因此不喜欢自己。可是，你知道吗？你这样做的结果往往会适得其反。对自己不知道的事情，坦率地说“不知道”，不仅不会让人小看你，还会赢得别人的尊重。

在与别人交谈时，偶尔说一说“我不明白”、“我不太清楚”、“我没有理解您的意思”、“请再说一遍”之类的话，会使对方觉得你谦虚而真诚，从而愿意与你合作。相反，趾高气扬、高谈阔论、锋芒毕露、咄咄逼人，很容易挫伤别人的自尊心，引起对方的反感。

有一位年过八旬的大学教授，学问高深，会讲五种语言，记忆力过人，他经常旅行，称得上是见多识广。然而，人们从未听到过他卖弄自己的学识或对自己不了解的事情假称通晓。遇到疑难时，他从不回避说“我不知道”，也不用自己的知识去搪塞，而是建议去查阅有关专著、资料，以做参考。看到老人的这一行为，每个跟他接触的人才真正懂得了怎样才能赢得别人的敬重，怎样才能获得做人的尊严。

著名心理学家邦雅曼·埃维特曾指出，平时动不动就说“我知道”的人不招人喜欢，他们不善于与人交往，而敢于说“我不知道”的人却总能赢得别人的好感。

在一次聚会上，布朗先生和一位男士在与女主人闲聊时，发现女主人似乎不是很高兴。说着说着，女主人指着一个看上去像电动烤肉铁架的黑色金属用具，说道:“这种特别的工具是用来做热吃干酪的，你们知道热吃干酪是什么吗？”

布朗先生刚要说“知道”两个字，那位男士就大声说:“不知道，什么是热吃干酪？是牛排的一种新吃法吗？”听到这话，女主人露出了丝丝微笑，并开始饶有兴致地为他们作详细的介绍。听完这些，布朗先生才明白，原来“热吃干酪”并不像自己所想的那样是一种奶酪三明治，而是一种干酪火锅的吃法。

这一次让布朗先生懂得了一个道理，那就是不知道的事情就要说不知道，如果妄加谈论，不仅会显示出自己的无知，还会导致别人对自己的厌烦，他应该向那位男士学习，该说不知道的时候就要说，这样也能让对方有表现自己的机会，从而让交谈更愉快地进行下去。

与人交谈时，什么都可以谈，但是，对于你所不知道的事情，冒充内行，是一种自欺欺人的行为。你知道多少，就说多少，没有人要求你做一个百科全书，即使是一个最有学问的人，也不可能无所不知。

所以，坦白承认你对于某些事情的无知绝不是一种耻辱，相反，这会使别人认为你的谈话有值得参考的价值，没有吹牛，没有浮夸，没有虚伪。如果你总是摆出一副“万事通”的面孔，总是唯恐被人看不起，这样做的结果只能让遭人厌恶。道理很简单，你不相信别人有办好事情的能力，别人也不会把你的能力放在眼里。

所以，做人就要敢于坦诚地承认自己的不足，不要为了面子，强把自己说成是“无所不知，无所不闻”，那样的结果只会让自己真正的大失脸面。

# 毕业之后先就业，工作是最佳的跳板

# 明确定位：走向职场成功的第一步

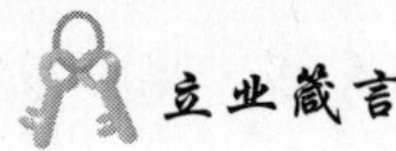

**立业箴言**

定位是求职的基础。有了明确的定位，才能根据自己的目标，选择适合自己的职业，从而在职业生涯发展的过程中找准方向，少走弯路。

不少刚刚走出校门的毕业生最大的感受就是“迷茫”，他们不知道自己想做什么样的工作，更不知道自己能做什么样的工作。他们经常说的话就是：“能有单位要我就不错了，哪里还轮得到我挑挑拣拣。”投简历的时候，他们也是漫天撒网、毫无重点，结果简历投了不少，却依旧找不到合适的工作。

王强从大四下学期就开始找工作了，为了让自己的简历看起来与众不同，增加成功的概率，他费了很大心思把简历包装成一本小册子的样子，印了几十份。每次有招聘会，他都会拿着自己的小册子，只要看到不错的公司，就递上一份。有时候，甚至连对方招聘的什么职位都搞不清楚。可是，大大小小的招聘会参加了几十场，王强不仅没找到工作，连面试的通知都很少接到。

毕业几个月后，王强的工作还是没有着落。这天，他正好遇到已经工作了两年的师兄，话匣子一打开，王强就开始抱怨起来：“也不知道这些用人单位是怎么回事？我发了那么多简历，都像石沉大海一样。怎么说我也是本科毕业的大学生，怎么连个工作都找不到呢？”

“你投的都是什么职位啊？”师兄问。

“什么职位都有啊。我现在是有病乱投医，见到有招聘的就投，根本顾不上看对方需要什么职位。我想，投的多了，总能命中一个吧，谁知道……”王强显得很郁闷。

“都不知道人家要招聘什么职位，你就投简历，那你到底想做什么工作呢？”师兄觉得有点不可思议。

“这个……”王强不好意思地挠挠头，“我还真是没想过，我总觉得现在工作这么难找，只要能有一份糊口的工作就不错了，至于做什么，那就无所谓了。”

“你怎么能这么想？”师兄的语气有些严肃起来，“如果你都不知道自己想做什么工作，就这样漫无目的的发简历，根本就找不到好工作。找工作最重要的一点就是对自己有个准确的定位，你认为自己适合什么工作，找工作时就要有所侧重。有的放矢才能有所收获，否则像无头苍蝇一样乱撞，好工作永远不会找上你。”

师兄的话对王强的触动很大，回家之后，他就按照师兄说的仔细分析了自己的优势和劣势，重新修改了简历和求职意向，然后在网上找了几家不错的公司尝试性地发了几份简历。本来王强并没有抱太大希望，但两天后他就接到了其中一家公司打来的面试电话。

如今，王强已经是一家大型企业的部门经理了，说到当时的那段经历，王强说：“准确的定位对于职场新人来说的确非常重要，如果当时没有师兄的那番话，我可能还会走不少弯路。”

很多毕业生都与王强有过类似的经历，为了引起用人单位的注意，他们想出了各种招式，但都因为没有准确定位而收效甚微。其实，定位才是求职的基础，如果没有合适的定位，很容易在求职路上迷失方向。

那么，怎样才能为自己定位呢？我们可以借助市场营销管理中的SWOT分析，从strength（优势），weakness（弱势），opportunity（机会），threat（威胁）等方面对自己进行科学、全面的评估。在了解自己的基础上，找准职场位置。

著名管理学家德鲁克的“经典五问”也可以帮助我们认识自己、了解自己。

1. 我是谁？什么是我的优势？我的价值观是什么？

2. 我在哪里工作？我属于谁？是决策者、参与者还是执行者？

3. 我应做什么？我如何工作？会有什么贡献？

4. 我在人际关系上承担什么责任？

5. 我的后半生的目标和计划是什么？

回答好这些问题，你就会在很大程度上加深对自己的了解，对未来的职业规划也会有一个清醒的认识。

在巨大的就业压力下，定位是毕业生们离开校园走向职场首先要解决的问题，有了明确的职场定位，我们才能根据自己的目标，选择适合自己的职业，才能在职业生涯发展的过程中找准方向，少走弯路。

## 做好不被重视的准备

初入职场，不被重视是很正常的，不是什么大不了的事。只要做好准备，坦然接受便是了。只要把工作做好，受重视是迟早的事。

很多年轻人在刚进入职场的时候，往往意气风发，满怀激情，但当他们真正走进职场，却发现一切都跟自己想象的不一样，就像是突然入侵了别人的领地，总是被隔离在外，无法融入工作团队，空有一腔抱负却得不到别人的重视……困惑、郁闷成为职场新人的常态。的确，职场毕竟不同于学校，竞争非常激烈，你希望尽快崭露头角，别人却唯恐你成为一匹突然出现的黑马，尤其当你各方面条件都比别人优越时，别人对你的疏远或者孤立都是潜意识的行为，要想顺利度过这一阶段，你首先就要做好不被重视的准备，不骄不躁，踏踏实实做好自己的工作，一旦做出了成绩，大家看到了你的能力，自然就会重视你。

大学毕业后，罗宁应聘到一家出版社做了策划编辑，同学们都很羡慕她，罗宁也对这份工作很满意，她想：我一定要珍惜这次机会，在出版社大展拳脚，策划几本好书，做个出色的出版策划人。但是，工作了几个月下来，罗宁却感觉很郁闷。

“我开始怀疑自己的选择了，当时我为什么要进出版社，策划编辑是做什么的呢？来到单位的第一天，主任只是简单地把我介绍给了同编室的几个同事，然后告诉我哪里是我的座位，然后就去忙自己的了。整个一上午，我就坐在那里，感觉手足无措，不知道该做什么，只好翻看旁边书架上的书。下午，依旧是这样，没人派给我工作任务，我只好硬着头皮去问主任，有没有工作给我。她‘哦’了一声，似乎把我忘了，然后说：‘你先熟悉一下单位的规章制度吧，工作不用急。’那个下午，我只好来回翻看那枯燥无味的规章制度。”

“我原认为策划编辑做的都是策划类的工作，但在后来的工作中，我每天做的事情就是审稿、改稿，做些技术含量非常低的事情，那些与策划有关的工作，都由那些资格比较老的同事做了。最令我气愤的是，那些同事在讨论策划方案或者创意的时候，从来不会叫我一起，似乎我根本不存在一样。”

“有一次，我自己写了一份图书策划案交给了主任，我感觉那个方案要是做出来，肯定畅销。但主任接过去只说了句：‘好，我会看的。’就随手放在了办公桌上。等了几天，我见没有回音，就主动向主任问起这件事，她先是愣了一下，然后说：‘你的想法还是不太成熟，应该多去市场转转。’其实，我感觉她根本就没有看我的策划，这样说只是在敷衍我。”

“有时候，我真想离开这个不受重视的单位，可是，现在就业这么难，如果辞职我也不一定找到比这更好的工作。不过，我又不甘心就这样被忽视下去，我该怎么办呢？”

罗宁的经历相信很多职场新人都感同身受，自己明明一腔热情，却慢慢被浇的冰凉。那么怎么做才能走出困境，成为受关注受重视的职场人士呢？

首先，要明确自己菜鸟的身份，不要眼高手低更不要好高骛远，要甘心从小事做起，即使是买盒饭、倒垃圾，也要积极乐观地去完成。

其次，尽可能多地了解所在单位的情况。如企业文化、公司章程、企业构架、工作岗位等，了解的越全面就越能减少犯错误的几率。

第三，多与别人沟通。新到一个单位，不要指望别人主动与你打招呼或者聊天，你应该试着多与别人沟通，和大家一起吃工作餐，遇到问题多向老同事请教，这不仅有利于自己的成长，还能让对方感觉到你的诚意。你也可以逐渐融入到同事中间去，这样就不会被孤立。

最后也是最重要的，就是努力提升业务能力。不管领导交给你什么任务都要尽力做到最好，即使是很简单的工作也不要随便应付。这是为了让领导看到你的专业和敬业，慢慢的他就会注意到你的存在。如果因为初来乍到，对业务还不够熟悉，那就最好多做事、少说话。如果工作中没有特别多的事情可以干，干些杂活也未尝不可。职场新人只有任劳任怨，从小事做起，让上级和同事看到你对待工作和环境的态度，才更容易被人接受，快速地融入新环境，工作也会逐渐进入状态。

## 摸清职场中的规则与潜规则

要想在职场上游刃有余，不仅要熟知显规则，更要摸清潜规则。很多时候，显规则只能让你不犯错误，潜规则却能让你脱颖而出。

每个圈子都有摆在台面上人所共知的显规则，也有鲜为人知的潜规则，这两种规则同等重要。如果你只遵守显规则，就难免会被潜规则的“暗器”中伤；如果你过于看重潜规则，也可能会为显规则所不容。因此，行走职场，不仅要对显规则烂熟于心，对潜规则同样要心知肚明，这样才能步步为“赢”。

这是某位网友发在论坛上的帖子，我们来看一下：

我永远忘不了进公司的第一天，老板专门为我们几个新人举行了欢迎仪式。

在仪式上，老板对我们说："我真的很高兴，公司又多了几个才华横溢的年轻人，你们的加入为公司带来了新的血液。我希望你们能够充分发挥自己的聪明才智，公司会为你们的发展尽可能地提供有利条件。在人际关系上，公司的所有员工都是兄弟姐妹，大家都是平等的，包括我在内。我希望大家不要把我当成老板，唯恐避之不及，我想做大家的朋友，任何工作或者生活上的事，大家都可以随时与我沟通，我办公室的大门随时对每位员工敞开……"

当时，听完老板的这番话，不知别人感受如何，我的的确确被感动了，觉得自己真是幸运，第一份工作就遇到如此开明的老板。我甚至想：要怎样做，才能报答老板的知遇之恩。我很兴奋地把这些情况告诉已经有了几年工作经验的表姐，她却笑我"你太天真了，几乎每个单位在新员工入职时，老板都会说一些诸如此类的话，但这并不代表着实际情况就是这样。这是他们稳定军心的惯用招数，是不成文的职场潜规则。"

不过，当时我并没有把表姐的话放在心上。

后来，在工作中，我有个自己感觉不错的创意，就把想法跟主管说了，但主管似乎有些不屑一顾，我对她的态度很气愤，想到老板曾经说过的话：有什么事情都可以直接找他沟通。于是敲响了老板办公室的门，老板面带笑容地请我进去，但待我说明来意后，他并没像我期待中那样，对我的创意发表评论，而是问我："你的想法跟你主管说过了吗？""说过了，可是……""那这件事应该由你们的主管来跟我说，你这样越级是不对的。如果没别的事，就去工作吧。"还没等我说完，老板就这样打断了我。

越级？我从老板办公室出来，脑子里还总是想着这个词，不是他说我们有任何问题都可以随时找他沟通吗？为什么又说我越级？晚上，我在QQ上和表姐聊了这件事，她说："越级也是职场潜规则之一，是不容触犯的职场天条。以后，你在公司的日子恐怕不会好过了。"

职场上有那么多的潜规则吗？我该怎么做才能不违反这些潜规则呢？

这位网友的经历很有普遍性，几乎每个职场新人都会遇到类似的问题。要想在职场上游刃有余，不仅要熟知显规则，更要摸清潜规则。很多时候，显规则只能让你不犯错误，潜规则却能让你脱颖而出。

首先，对公司要有条件的忠诚。任何公司都喜欢忠诚的员工，但这种忠诚只是对员工的单方面要求，比如在你入职时，领导要求你对公司要忠诚，不管何时都要注意维护公司的形象与利益，但这并不代表在所有情况下，公司都会尽力维护你的利益，永远不会辞退你。也就是说，公司只要求你忠诚，却不会对你付出同样的忠诚。所以，员工对公司应该是有条件的忠诚，在公司能够实现自己职业理想的时候对公司忠诚，如若不然，那最好忠诚于自己的内心。

对上司的话要有选择的相信。上司的话当然是要听的，但是否相信就要靠的自己的判断了。一般情况下，如果上司的话比较理性，涉及业务开拓、任务布置之类的话要不打折扣地相信与执行。但对于上司比较感性的赞扬、承诺等，还是左耳朵进右耳多出的好，否则期望越大，失望就会越大。

对领导要在尊重的基础上彼此磨合。领导肯定是值得尊重的，这毋庸置疑，领导能坐上领导的位置肯定有过人之处，单凭他们可能会影响着我们的薪水这一点，就有理由获得我们的尊重。但这并不代表我们要对领导唯命是从。人无完人，领导的话也不一定全对，我们要学会保留自己的想法，在适当的时候用提建议的方式与上司沟通、磨合，争取让他心悦诚服地接受我们的观点。

对同事要在理解的同时有所保留。同事是我们除家人之外接触最多的人，天长日久的相处下来，对彼此的个性爱好、生活状态都会有一定的了解，在发生误解和争执的时候，一定要换个角度，多为对方着想，不要一怒之下说出过分的话或者做出过激的行为。不过，也不要把同事当成推心置腹的朋友，因为你们之间最基本的关系是竞争关系，如果你对同事毫无保留，就可能让对方抓住把柄，成为日后发展的潜在威胁。

这只是人际交往方面的一些显规则，在工作中还有一些需要注意的显规则与潜规则，你可以按照公司的要求具体情况具体分析，平时也可以多看一些有关职场潜规则的书籍，多多学习，细心琢磨，尽量避免踏入职场“雷区”。

## 别太在意工资，你挣的是“资本”

### 立业箴言

刚刚开始工作的年轻人，前几年最好不要太在意工资，最应该看重的应该是在工作里能学到什么，对发展是不是有利。

许多年轻人容易把衡量工作的标准放在钱上，尤其一些刚毕业的人，刚刚走向自己养活自己的道路，为了让自己和家人生活得好一些，自然认为不管什么工作，工资是第一位的，钱少的工作肯定不考虑。可是，如果你只为了工资去做一份工作，而不去关注工资以外的东西，你的视野就会受到局限，思维也会被禁锢，如此一来，你的人生就会停滞在“挣工资”的阶段，无法获得更大的成功。

沈兵最初开始工作时最看重的就是工资，用他的话说：“我是典型的穷二代，父母辛辛苦苦培养我上大学就是为了将来能找个好工作，多挣点钱，我当然要看重工资，否则，我工作是为了什么呢？”

但事实往往与愿望相反，工作几年了，沈兵的工资并未见长，这让他非常郁闷。一次，在和朋友聚会时，他们聊到了各自的工作情况，沈兵又开始抱怨：“我们老板太抠门，我到公司三年了，怎么说也是公司的老员工了吧，但工资还一次都没涨过。有个小子到公司才一年多，就已经涨了两次工资，真不知道老板是怎么想的。”

“你有没有想过，老板为什么给那个人涨工资？”朋友问。

“他是名牌大学的毕业生，人长得帅，又会逢迎拍马。”沈兵很不屑的回答。

“只有这些吗？”朋友继续问。

“当然，他的业务能力还是不错的，公司有难题，总会找他解决。另外，他……”沈兵的声音越来越小。

“这就是了，为什么他们会给他涨工资，我想这并不是因为那些子虚乌有的裙带关系，而是因为他能为公司解决难题，如果他离开，公司会遭受损失。那么你呢？你认为自己具备哪些独特的优势？对于公司来讲，你是不是不可替代的重要人物呢？”朋友说。

“我……”刚才还口若悬河的沈兵立刻变得有些语塞。“我的确没什么优势，文凭不过硬，又不思进取。说实在的，能找到这份工作已经很不容易了。如果不是这样，我也不用待在现在的单位生闷气，早就跳槽了。”

“既然这样，你就应该明白老板为什么不给你涨工资了。因为他不害怕你离开，相反，如果你离开，他还能用更少的钱招聘一个比你更敬业的员工。他之所以没有解雇你，可能已经看在你是老员工的份上，讲了几分情意。如果你想让老板给你涨工资，还是先努力做好自己的工作吧。”朋友的话听起来不太好听，但很诚恳。

沈兵若有所思地点了点头。

当你埋怨老板不给你涨工资时，请先想一想，老板为什么要给你涨工资，你值得他多为你付出工资吗？不要以为老板为谁涨工资都是心血来潮，他定是看到了某位员工的努力和价值，才心甘情愿地为他多付一部分薪水。

在电影《为人师表》中饰演角色的演员爱德华·奥尔莫斯应邀参加某校大学生的毕业典礼时，曾满怀激情地说：“在大家离开前，我有一件事要提醒各位，记住：千万不要为了钱而工作，不要只是找一份差事。我所说的‘差事’是指为了赚钱而做的事情，在座各位当中许多人在校期间就已经做过各式各样的差事。但工作是不一样的，你对工作应该有非做不可的使命感，并且要乐在其中，甚至在酬劳仅够温饱的情况下，你也要无怨无悔。你投入这项工作，因为它是你的生命。”

所以，刚刚毕业的年轻人，不要把眼睛只盯在工资上，不要只想着工作是在为老板赚钱，而自己得到的只是薪水。其实，你工作是为了自己，是为了找到一个平台更好地发挥才能，是为了实现自己的理想和抱负，更是为了积累经验和财富，为未来打下坚实的基础。因此，不管你做的是什么工作，不管你喜欢与否，只要选择了就应该为之努力和奋斗、好好做下去，这样，你得到的就不仅是工资，还有能够让你走向成功的“资本”。

## 敬业才能立业

### 立业箴言

**一个人即使没有一流的能力，但只要拥有敬业的精神同样会获得人们的尊重。否则，即使你的能力无人能比，也一定会遭到排挤和遗弃。**

所谓敬业，就是一种职业态度，是从心底重视自己的职业，并心甘情愿为此付出全身心的努力。在遇到困难时，能够毫无退缩、勇往直前地努力克服，并做到善始善终。敬业是职业道德的崇高表现，一个没有敬业精神的人，即使能力再强，有再高的学识，成就也会十分有限，因为他们散漫、马虎、不负责任的做事态度已深入他们的潜意识。而一个有敬业精神的人自然会对自己的职业水准有很高的要求：精益求精，永远对工作现状不满意，永远在改善工作，这种敬业精神直接决定了一个人职业发展的高度。

《把信送给加西亚》的作者阿尔伯特·哈伯德说：“一个人即使没有一流的能力，但只要拥有敬业的精神同样会获得人们的尊重，即使你的能力无人能比，却没有基本的职业道德，一定会遭到社会的遗弃。”当你以一颗虔诚的心对待自己的工作，视工作为生命的信仰时，你也将从中学到更多的知识，积累更多的经验，收获更多的成功。

林凡是个典型的富二代，父亲有自己的企业，效益不错，大学毕业后，林凡本想直接到父亲的公司做管理工作，却被父亲拒绝了。因为父亲想让他先到其他公司锻炼一下，这样会对他的成长有好处。

林凡只好不情不愿地开始投简历、参加面试，然后开始工作。但在新公司，林凡要从最基层业务员做起，这让他心里很不平衡：自己怎么说也是名牌大学毕业，父亲又是成功企业家，怎么还要给别人打工？于是，在公司的日子，林凡能混就混，不仅没有拿得出手的业绩，迟到、早退更是家常便饭。只因为公司老板与林凡父亲是商场挚友，才碍于情面没有开口辞退他。谁知，几个月后林凡竟主动辞职，理由是要去创业。

辞职后，林凡找到父亲，请求父亲借给他十万元启动资金，并保证赚钱之后按银行利率还给父亲。为了打消父亲的顾虑，林凡还信誓旦旦地说："现在我是给自己干，肯定能干好！"

父亲没有说什么，把钱借给了他，并要他写了欠条。

很快，林凡的公司开业了，但情况远不如他想象的那般顺利。先是因为没有履行合同而丢掉了一笔订单，后又因为草率决策而被骗了钱。时间不长，跟父亲借来的十万块钱就全部打了水漂。

公司经营不下去了，林凡只好垂头丧气地找到父亲。

父亲很平静地问他："你知道做好一份工作最需要什么吗？"

林凡茫然地看着父亲。

"是敬业。"父亲说，"那你知道办好一家公司最需要什么吗？"

不等林凡回答，父亲接着告诉他："还是敬业。一个不敬业的人是不能做好本职工作的，更不可能创业成功，只有敬业才能立业啊！起初，从你在那家公司的作为我就料到你的公司办不好，但我没有拦你，就是想让你自己经历，自己体会。那十万块钱，你可以慢慢还。相信经过这些事情，你应该知道以后该怎么做了。"父亲深情地说。

通用电气公司的总裁杰克 · 韦尔奇说过："任何一家想靠竞争取胜的公司必须设法使每个员工敬业。"兢兢业业、埋头实干的员工是最受老板欢迎的。一个人要想在职场上取得成功，就必须改变自己对工作的态度，无论做什么事情，都应该竭尽全力。一旦他懂得爱自己所做的工作并全力以赴地做好它，他就拿到了打开成功之门的钥匙。

二十几岁的年轻人，为了实现自己的人生目标，实现自己的美好理想，树立敬业精神吧！在工作中注入敬业精神可以化苦为乐，化复杂为简单，化踌躇为果断。在工作中，敬业会让我们产生无穷的毅力和决心，从而最终达到立业的目标。所以，敬业是成功的通行证，一个人具备了敬业精神，就可以弥补自己很多方面的不足，在立业之路上走得越来越远。

## 找到职场中的“前辈”

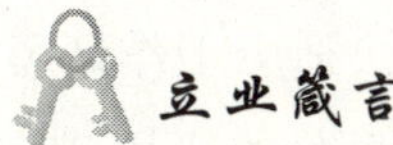

**立业箴言**

职场菜鸟若想尽快站稳脚跟，就要甘于做“晚辈”，虚心地向“前辈”请教。有时候，过来人的一个建议就会让你少走很多弯路。

初入职场的菜鸟们都会觉得非常彷徨、无助、无所适从，这时候如果有个“前辈”来指导一下，菜鸟们肯定会少走很多弯路，尽快步入正轨。所谓职场“前辈”，与年纪大小无关，而是按照进入公司的时间长短和工作经验的多少来界定的。他可以比你年纪小、阅历少，但只要他在公司工作的时间比你长，工作经验比你多，就可以成为你的“前辈”。职场菜鸟若想尽快站稳脚跟，就要甘于把自己当做“晚辈”，虚心地向“前辈”请教业务问题或者职场上为人处世的方法。有时候，这些过来人的一个建议就会让你少走很多弯路。

刘岩的第一份工作是在一家图书公司做编辑，之前她从来没有接触过这方面的工作，所以刚开始上班感觉非常迷茫，无处着手。好在，公司领导给她安排了一位工作时间比较长的同事带她，刘岩很珍惜这样的机会。她主动地称呼这位同事为“老师”，遇到问题主动向“老师”请教。“老师”也很负责，刘岩写第一个稿子时，每写完一节就会拿去给“老师”看。“老师”看得很细致，连一些很小的问题都会指出来，有时连刘岩都觉得很麻烦，但“老师”还是很有耐心地指导她。

在“老师”的帮助下，刘岩的工作上手非常快，两个月后，就得到了公司设立的“新人进步奖”。

几个月后，刘岩与那位“老师”已经成为无话不谈的朋友。有一次，刘岩和她一起在公司的电梯间里遇到一个中年人，“老师”很恭敬地与中年人打招呼：“李总好。”事后，她问刘岩，“你知道刚才电梯里的人是谁吗？”刘岩摇摇头。“那是我们真正的老板。”“老师”把来龙去脉跟刘岩说了一遍，还告诉她公司校对部的一位员工就是这位李总的侄子，属于惹不起的“太子爷”，得罪了他，在公司就别想好过。说到兴头上，她还跟刘岩详细分析了公司的奖励制度，告诉了她一些获得奖励的小窍门。

很多公司都会给刚入职的新人安排一位“前辈”，帮助他尽快适应工作环境和工作方式。如果没有公司的安排，你自己也要积极寻找愿意帮助你的职场“前辈”。他们可以是你的“师兄”“师姐”，也可以是与你座位相邻的同事，还可以是你的部门主管。要想在公司站稳脚跟，离不开前辈们的指点与庇护。任何公司或者企事业单位，都会有一些不为人知的“潜规则”，如果与“前辈”搞好关系，他就会告诉你一些你不知道的事情，比如哪些人是老板的亲信，得罪不得；老板喜欢怎样的员工；年终奖的考核标准等，这些事情只有在公司工作了很长时间的人才知道，如果没人告诉你，你就难免走弯路，或者在不经意中得罪了某些不该得罪的人。而“前辈”的提醒，就会让你避免“悲剧”的发生。

其实，不只是刚入职场的新人，即使你已经有了不少工作经历，但一旦到了新的工作单位，面对新的环境、新的工作流程、新的人际关系，还是要寻找一位“前辈”来帮助自己。不要完全凭着以前的经验，想当然地为人处世，否则就很可能碰钉子。

有些“前辈”在提出意见或建议时，可能不太讲究说话方式和态度，这就要求你放宽心胸，不要斤斤计较。只要这些意见或建议对你是有益的，就已经很难得了。

不过，与“前辈”搞好关系的同时也不要忽略与其他同事的交往，否则你就会将自己禁锢在一个小圈子里，得到一棵树木而失去了整片森林。更不要让领导误以为你们在搞“小团体”，不论在哪个单位，过于亲密的关系都是不允许存在的。

## 寻求职场贵人的庇护和提携

**立业箴言**

无论何时何地，能得贵人相助都是人生的一大幸事。但贵人并非可遇不可求，除了被动等待之外，还要学会主动出击，寻找能够庇护和提携自己的贵人。

在每个人的人生中，能得贵人相助是极大的幸事，在职场中也不例外。如果能够找到帮助和提携自己的职场贵人，也不失为一条成功立业的捷径。

那么哪些人可能成为我们职场中的贵人呢？一般来说，位高权重的人才称得上贵人，但实际上，凡是能够帮助你不断成长的人都可以看做你的贵人。他们可能是你接触到的某个成功人士，可能是你的老板、上司，也可能是看上去故意刁难你、实际上是为了磨炼你的人，更可能是那些总是监督你、要求你的人。总之，贵人不仅仅是对你好的人，他们可能戴着一副“可恶”的面具，总是挑剔你、企图打击你的锐气，但往往这样的人却能让你学到最多，成长最快。只要转变心态，踏实工作，远离抱怨，将他们的直言视为苦口良药，变压力为动力，你的贵人圈子就会壮大一倍。

杨静在一家公司作外贸业务，因为没经验而且人脉资源少，虽然她很努力，但业绩还是不理想。为了开拓业务，杨静想了很多的方法，但都收效甚微。

为了缓解工作上的压力，杨静趁着周末休息的时间去郊区泡温泉，体会一下每个毛孔都张开的舒畅感。那天天气不是很好，泡温泉的人不多，除了杨静之外，只有一位女士。呆着也是无聊，于是她们很自然地开始交谈起来。

一聊才知道，两人竟然有很多的共同爱好：都喜欢逛街、旅行，喜欢同一个牌子的包包，都喜欢用泡温泉的方式缓解压力，甚至喜欢去同一家餐厅。泡完温泉后，两人互相留了电话，约定以后要一起逛街、旅行。

随着接触越来越多，杨静才知道，这位女士是一家公司的副总，她们公司做的也是外贸业务。在工作方面，她告诉了杨静很多好的方法。在她的帮助下，杨静的业绩开始有了起色，订单越来越多，收入也直线上升。但由于公司体制问题，她并没有太大的晋升空间。

了解到这些情况之后，那位女士对杨静发出了邀请，"同样是做外贸业务，你不如加入我们公司吧。我保证你能有更好的收入和更广阔的晋升空间。更重要的是，以后再一起逛街吃饭就方便多了。"她半开玩笑地说。

经过一番慎重考虑，杨静接受了那位女士的邀请，加入到她的公司，并且在她的推荐下，去了一个很有前景的部门。别人都很羡慕杨静的好运气，毕竟不是每个人都有机会认识副总级别的人，更不要奢望副总能成为自己的贵人了。

杨静遇到贵人的方式的确非常具有偶然性，有很大运气的成分。但贵人并非可遇不可求，除了被动等待之外，还要学会主动出击，寻找能够庇护和提携自己的职场贵人。

首先要提升个人能力，做好交到你手中的每一份工作。要知道，每份工作都是一个表现自己的机会，在你工作的时候，贵人可能就在观察你，如果你的能力突出而且又有责任感，贵人就可能会愿意帮助你、提拔你。

其次，要遇见贵人，就要多参加各种社交活动。整天闷在家里，贵人不会主动找上门来，只有经常活跃在各种社交活动中，贵人才会知道你的存在。

再次，要对自己的交际圈进行筛选，找出其中比较优秀的人，加强联络，这是非常关键的一点。这不是教你势利，而是让你更快地找到生命中的贵人。

最后，要有一颗感恩的心。得到贵人的帮助之后不要觉得理所当然，要懂得感激其知遇之恩。一旦贵人遇到问题需要帮助，就要及时伸出援手尽力而为。只有懂得珍惜和感恩，才能吸引更多愿意帮助自己的人。

# 跳槽，越跳越高才有必要

**立业箴言**

所谓跳槽，越跳越高才有意义，如果不懂得计算机会成本而盲目跳槽，就会为自己带来未知的风险。

刚刚毕业的人，还没有确定自己适合做什么，通常会多换几个工作，多积累一些经验。而在职场中摸爬滚打多年的人，也可能会对同一个公司同一个岗位心生厌倦，想要突破。于是，跳槽就成为了一件很平常的事，但这不代表在任何时候跳槽都是一件有益的事。如果不懂得计算机会成本而盲目跳槽，就会为自己带来未知的风险。

大学毕业两年多，李彦已经换了四份工作。他的第一份工作是在一家事业单位做内刊编辑，工资虽然不算高，但工作很稳定也比较清闲。开始，李彦还觉得这份工作不错，也很认真负责。后来一打听，大学里的同学们几乎都比自己挣得多，李彦坐不住了，决定跳槽。

李彦的第二份工作的确挣的多一些，但工作压力也大，而且，单位的人际关系非常复杂，同事间明争暗斗，一不小心就会成为别人的靶子。工作了一段时间后，李彦觉得身心俱疲，又递上了辞呈。

第三份工作是在一家外企，以前总听说外企的管理如何人性化，员工的素质很高，李彦这次是一门心思要进外企的。但实际工作下来，却发现外企也不是那么好混的，同事之间聊天时不时就要冒出句英文，聊天的话题也很高端，不是房子、车子就是股票、基金。这些对于李彦这个全部存款加起来也不超过四位数的人来说，实在太过陌生。夹在他们中间，李彦觉得有些格格不入。几个月后，李彦又选择了离开。

第四份工作是同学引荐的，这家公司的老板很好，没有架子，同事之间的关系也很简单，李彦觉得很满意。可是就在他入职一个多月之后，同学因为业绩突出被提升为部门主管，也是李彦的顶头上司。以前与自己平起平坐的同学突然成了自己的领导，这让李彦无论如何都接受不了，只好又找了个借口，辞职走人。

就这样，毕业两年多，一直在同一家公司工作的同学已经做了部门主管，而李彦又踏上了茫茫求职路。一次面试时，面试人员说："毕业两年，跳槽四次。你能不能告诉我，每次跳槽之后，新工作在职位、薪酬、待遇方面都有哪些提升？""这……"李彦不知道该怎么回答，因为并不是每次的工作都比之前好。看他没说话，面试人员又开口了："从你的简历来看，跳槽似乎并没有给你带来职位上的突破或者薪水上的大幅上涨，不能越跳越高的话，你又何必选择跳槽呢？"

那次面试虽然没有成功，却让李彦开始重新思考自己的职业生涯，也开始反思之前的那么多次跳槽，真的有必要吧？

很少有人在整个职业生涯中只效力于一家单位，于是，跳槽成了必然行为。如果目前的工作不能给你想要的薪酬或者不能实现你的职业理想，跳槽无可厚非。但跳槽前一定要慎重考虑这些因素：新单位是否有发展前景，新单位增长的薪酬部分是否会弥补原来的同事情缘等。如果答案是模糊不定的，那就请三思而行。所谓跳槽，越跳越高才有意义，否则就不是"跳槽"，而成了"跳坑"。

跳槽就是相当于你在原单位的积累作废，而到一个新的环境中从新人做起，这其中的得失利害需要仔细考量。而且那些频繁跳槽却又没有多大提升的人，还会给用人单位留下不够踏实的印象。这样的人即使被聘用，也不会受到重用。所以，跳槽在短期看来不是什么大不了的事，但从长远来看，就会对你的职业生涯产生影响。换句话说，选择跳槽就是在自己的短期利益与长期利益之间做选择。

跳槽有风险，选择须慎重。因为一旦发生失误，承担后果的只有你自己。

## 培养老板心态，学会为自己打工

### 立业箴言

英特尔总裁安迪·葛洛夫说：“不管你在哪里工作，都别把自己当成员工——应该把公司看作像自己开的一样，积极主动的工作不找任何借口。”

很多职场人士都有这样的心态：“我只不过是个打工的，做好自己的本职工作就行了，其他的事跟我无关。”所以，在遇到问题时，他们通常都会选择逃避，而不是想方设法地解决问题。其实，“大河有水小河满，大河无水小河干”，只有公司发展好了，员工利益才能得到保障，如果每个人都不去积极地解决问题，公司堆积的问题就会越来越多，阻碍公司发展，个人也不可能得到好的发展平台。因此，无论做什么工作，都要学会像老板一样思考，具备老板心态，时刻为公司全局着想，处处维护公司利益。

老板心态是一种自动自发的工作态度，具备老板心态的人，在工作中并不只是完全地按照老板的指令执行任务，他们有思想有远见，会在工作中融入自己的思想和灵魂；他们集使命感、责任心、事业心于一身，着眼大局的同时也不忘关注细节；他们会把普通的工作也当做自己的事业来做，因此很容易在职场中找到自己的位置，获得成功。

有这样一个故事：

家境贫寒的她初中毕业后就跟村里人一起到城市打工了。由于没有什么特殊技能，她只能从餐馆服务员做起。

按照一般的观点，这个工作根本不需要什么能力和技巧，只要把客人招待好就行了。但她却在一开始就表现出了极大的耐心，并且彻底将自己投入到这份毫不起眼的工作之中。不管工作多累，只要有客人光顾，她都会带着笑脸迎上去，很热情地请客人点菜，在客人拿不定主意时还会推荐一两道餐馆中的招牌菜。有时候餐馆客人较多，菜上的慢一点，她就会提前对客人表示歉意，请他们稍等，并且很耐心地解释原因。就这样，工作一段时间之后，她就为餐馆招来了不少回头客。对这些客人她不仅熟悉，还很了解他们的口味，只要客人光顾，她总是千方百计地使他们高兴地来，满意地去。

就这样，她赢得了顾客的交口称赞，也为饭店增加了收益——她总是能够使顾客多点一两道菜，并且在别的服务员只照顾一桌客人的时候，她能够独自招待几桌的客人。

后来，老板逐渐看到了她的才干，要提拔她做餐厅主管，却被她婉言谢绝了。因为，一位想投资餐饮业的顾客看中了她的才干，准备投资与她合作，资金完全由对方投入，她只需要负责管理和员工培训，并且承诺给她新店25%的股份。

现在，她已经成为一家大型餐饮企业的老板了。

卡内基钢铁公司董事长齐瓦格说："我不光是在为老板打工，更不单纯为了赚钱，我是在为自己的梦想打工，为自己的远大前途打工。我们只能在业绩中提升自己。我要使自己工作所产生的价值，远远超过所得的薪水，只有这样我才能得到重用，才能获得机遇！"这句话用在上面故事中的主人公身上是非常恰当的。所以，对于一个想要获得更多成功机会的人来说，任何一种职业都不仅是谋生的手段，更是一种与他们的人生命运紧密相连的事业。因此他们在工作中热情高涨，坚持不懈。如果你只把工作当做谋生的手段，迫于生活的压力而不得不工作，甚至认为自己所从事的工作低人一等，在工作中敷衍塞责、得过且过，将大部分心思用在如何摆脱现在的工作环境上，那么无法成功也就在情理之中了。

培养老板心态，像老板一样思考，把工作看做是自己的事业，你就会觉得自己所从事的是一份有价值、有意义的工作，从而将身心彻底融入公司，尽职尽责，处处为公司着想，容忍工作中的压力和单调，并对工作负责到底。具备老板心态的人，最终会成为老板，这已经成为一条定律。

# 立业必先创业，向富二代借鉴创富经

# 创富不能只靠“死工资”

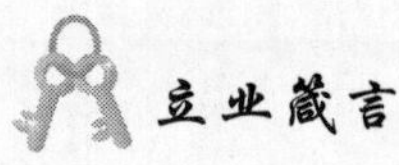

## 立业箴言

如果只是靠着那点可怜的“死工资”，你一辈子都只能做穷人。只有想方设法地创造财富，你手中的钱才能像鸡生蛋、蛋生鸡那样循环往复，源源不断。

刚毕业时，你是单身贵族，只要找到一份足以糊口的工作，就能“一人吃饱全家不饿”，但一段时间之后，你的交际面越来越多，你可能会交女朋友或者男朋友，要赡养老人，要考虑攒够房子的首付，这时你的工资可能已经多了一些，但还是不够用。再往后，你就要逐一经历人生中的各种大事：娶妻、生子、买房、买车，这时你的工资可能已经涨了好几倍，但面对这些“刚性需求”，仍是杯水车薪……

总之，你工资的涨幅永远赶不上需求的增长，如果只是靠着那点可怜的“死工资”，你一辈子都只能做穷人。只有想方设法地创造财富，你手中的钱才能像鸡生蛋、蛋生鸡那样循环往复，源源不断。看看你身边的那些富人，有谁是靠着“死工资”起家的？相反，那些创富英雄们很多都是放弃了待遇优厚的工作，自主创业，才走上了财务自由之路。

老刘并不老，但人们已经习惯叫他“老刘”，这不仅因为出生在1982年的他看上去比实际年龄大一些，最重要的是，相比于其他80后，他的思想显得尤为成熟，谈吐之间常有闪光之处，朋友们经常调侃他：“话里都冒金星。”

老刘家境不太好，虽然有个城市户口，但父母早些年都先后下岗了，下岗后父亲借钱买了辆出租车拉活，母亲则在街道上摆了个水果摊，每天辛辛苦苦也挣不到多少钱。为了减轻家里的负担，老刘的大学是靠着助学贷款读下来的，不是家里不给掏学费，而是他执意不肯用。

毕业后，老刘应聘到公交公司做了调度员，工资不高不低，每月除了他自己的开销还能有一部分结余，但老刘并不满足，他知道，如果只靠着这点“死工资”，他永远都只能是个庸庸碌碌的穷人，更谈不上改善家庭状况了。在公交公司工作的时间里，老刘发现城市里的各种机动车辆越来越多，相应的，故障车辆也越来越多，一旦出现故障需要修理就要求助于汽修厂。那么，自己能不能也开一家汽修厂呢？

有了这个想法之后，老刘立即开始着手准备。他先是买了一些汽车原理的书开始理论上的学习，遇到不明白的就向公司里的开车技术娴熟的老师傅请教，后来他又花钱买了一辆报废车自己拆拆装装，再后来，一旦厂里有车出了故障，他就自告奋勇帮忙修理……两年之后，老刘向公司领导递上辞呈，表明了自己的想法，领导非常支持，还表示，如果他真开了汽修厂，公交公司就是他的第一个对口合作单位。

经过一番准备，老刘的汽修厂很快开张了，虽然规模很小，但总算开始了创业的第一步。开始，人们对这家新开的小汽修厂并不信任，生意不是很好，老刘就花重金请来了技术非常好的老师傅坐镇，自己也吃住在那里，亲自把关，尽量做到每次都让顾客满意。时间一长，来修车的回头客就多了，有的还会介绍自己的朋友来老刘这里修车。以前公司的领导也兑现了承诺，成为了老刘的对口合作单位。

如今，老刘的汽修厂也扩大了规模，还开了好几个分部。老刘也实现了自己的创富梦想，成了当地有名的“汽修大王”。

如果老刘一直在原公司工作，每月拿着固定的工资，即使工资翻好几番，也不会拥有今天的成绩。

很多人不愿创业，一个很大的原因就是怕承担风险，拿“死工资”虽然“前途”不够光明，但至少可以保证安全，不管公司效益如何，自己的工资是少不了的。但是，世界上的任何事情都是相对的，拿“死工资”看似安全，却意味着你要把自己的命运交到别人手里，由别人来决定你工资的多少。而且，一旦公司效益不好，你就会面临被裁员的危险，到那时，你是否还能拿到这份工资都是未知数。

要知道，你拿到的工资只是你所创造的价值的一小部分，其余的一大部分都属于你的雇主。想一下，你每天辛辛苦苦的工作，却要将自己赚到的钱的一大半拱手送给别人，这实在是非常不划算的事。

这个时代已经不存在“铁饭碗”，从别人手里领工资的事更是靠不住。而且，每月的那点薪水只能让你勉强维持生活，即使那些看似不菲的年薪也可能不会让你成为真正的富人。如果你向往财富自由，如果你想掌握自己的财富命运，那就大胆地放弃“死工资”，开始踏上创业之路吧。

## “微利是图”才是长远的生财之道

立业箴言

“三分毛利吃饱饭，七分毛利饿死人。”在经商法则中，薄利多销不是秘密武器，却是最有力的武器。

俗话说：“三分毛利吃饱饭，七分毛利饿死人。”就是说做生意时把利润看得少一些，价格降得低一些，就能在竞争中占据优势，薄利多销，反而能赚到更多的钱；如果过于看重利润，把价格抬得过高，反倒会吓跑顾客，导致生意萧条，产品滞销。

无论是逛超市，还是去菜市场，每个顾客都想用最低的价格买到自己喜欢的东西。在“低的价格”和“喜欢的东西”之间往往存在一种相互制约的关系，有经商头脑的生意人就善于发现并利用这种关系。

在经商法则中，薄利多销不是秘密武器，却是最有力的武器。

小艾的父母都是很成功的生意人，受他们的影响，小艾大学毕业后并没有像其他同学一样急于找工作，而是想自己创业做老板。在征得父母的同意后，小艾就开始了细致的考察，最后决定在自己的母校附近开一家小店，经营女装。

小店开张前，小艾向父母请教了生意经，了解了产品定位、店面布置等相关事宜，还获得了非常重要的一条经验，那就是：微利是图。父母说："学校附近的女装市场竞争非常激烈，如果你想自己的小店尽快站稳脚跟，就要把利润降得低一点，衣服的价格相比于其他店要便宜一些，薄利多销，才能打开销路。这样，虽然每件衣服都要少赚几元，但销量上去了，你赚的钱也不会比别人少。"

小艾的衣服店开张之后，她汲取了父母的经验，衣服的定价都比同类店铺低五元钱，回头客或者每次买多件的顾客还会有一定程度的折扣。而且，每次上新货小艾都要精挑细选，她的时尚感比较敏锐，店里的衣服款式都非常有品味，不同于大众的流行货，就这样，时间不长，小艾的店里就有了不少回头客，很多人也会主动地推荐朋友过来，小艾的收入也直线上升。两年之后，她已经开了好几家分店，也一直坚持着"微利"的营销策略。"性价比高"是顾客对她店里服装的一致评价。

商家以赚取利润为目的，但老百姓是要过日子的，自然要精打细算，所以大多数的顾客都有一种心理，即功能相同或相近的产品，价格不同时，趋向于购买价格低的。这种购买心理也决定了谁能给顾客更大的实惠，谁就能获得更多的财富。李嘉诚早年做塑胶花生意的时候，就是靠"薄利多销，互利互惠"这样的原则打动了意大利客商，从而夺得订单。世界最大的零售企业沃尔玛也深谙这一道理。它从一成立就确立了"天天平价"的经营策略，依靠这一最有力的武器，不仅把老资格的全美前十大零售商全部打败甚至淘汰，而且与它同时代成立的竞争对手如凯马特，赢利模式与它相仿，也被它远远甩在身后。可见，薄利多销所带来的人气和效益，是非常惊人的。

诚然，要闯市场、拓销路，单靠低价是不行的，产品质量、企业信誉、售后服务、宣传力度、营销方式等因素同样很重要。但不可否认的是，同样的产品，谁卖得便宜，谁就卖得多，价格战是当前形势下一种很重要的竞争手段。问题在于，并不是所有人都适合打价格战，因此，经济实力相对较弱的商人在产品降价之前总要左思右想，不敢轻易用低价位向市场上的竞争对手挑战。能不能降价，能降价多少才不致影响企业自身的发展，是一个重要的问题，对此准备不足，就会适得其反。

一般说来，在以下情况中使用薄利多销策略较为妥当：

同类型产品多，竞争激烈时，采用薄利多销，既争夺同类产品的顾客，也促进本企业产品市场占有率的提高。

新产品试销阶段，以薄利多销方式尽快使产品进入市场。扩大影响，提高知名度与应用频率，建立市场信誉和威信。

产品被消费者所淘汰，以多销微利保本为原则，将企业损失降到最低限度，争取时间，开发出新产品。

产品有生命力，但销售处于低谷时，采用薄利多销策略提高顾客的购买欲，以刺激产供销环节的周转、挖掘产品的潜在效能，使企业立于不败之地。

## 找到志同道合者，一起创业

立业箴言

如果你没有能力独自创业，就最好找到与自己志同道合的创业者，结伴而行。优秀的团队会让一切不可能变成可能。

俗话说，“一个好汉三个帮”，刘关张拧成一股绳才有了三分天下。创业路上找一些志同道合的人结伴而行，将为你解决许多麻烦。尤其是在这个竞争日趋激烈的时代，合伙创业让你的创业之路从不可能变为可能，由小打小闹发展为大规模作战。

不少人都听说过十八罗汉创建阿里巴巴的故事。在当时的情况下，团队中的很多人完全有机会去雅虎、新浪或者搜狐等大型门户网站。如果选择和马云一起创业，他们就要从零做起，每月只有500元的收入，在马云的家里上班，还要自己租房子住。但最终他们都决定：和马云一起回杭州去！

阿里巴巴的创始资金也是大家砸锅卖铁凑出来的。他们或者回老家借钱，或者把自己的压箱底钱都拿了出来，总共凑齐了50万元。大家掏尽自己的钱，无条件地跟着马云朝着目标前进，他们心无杂念，就是觉得跟着马云做，哪怕失败也在所不惜。就是在这样的条件下，十八罗汉与马云一起没日没夜地干活，经常连续十几个小时连轴转，休息的时候就会凑在一起听马云为大家讲解当今互联网的行势，然后憧憬着阿里巴巴的美好前景。

这段艰难时期，被这些创业者戏称为"阿里巴巴的井冈山时期"，阿里巴巴就是在那里点燃了电子商务的星星之火的。

接下来的是多年中，阿里巴巴伴随着中国的互联网，经历了从春天到寒冬，再从寒冬到春天的四季轮回；也经历了从海外到国内，再从国内到国外的曲曲折折。但是，无论遇到什么样的困难，十八罗汉始终坚守在马云身边，与阿里巴巴一起共进退。

在立业这条路上，单打独斗并非真英雄，找到志同道合者一起奋斗才能产生1+1>2的效果，因为一个人不可能面面俱到，总有考虑不周全的地方，而几个人一起可以集思广益、群策群力、优劣互补，在最大程度上规避风险，立业的过程也会顺利一些。

合伙创业让不能干的事成为能干的事，不过合伙人之间若是产生矛盾，也会使创业之路难以为继或将创下的基业毁于一旦，所以合伙创业要慎重，特别要处理好以下几个问题：

1. 慎重选择创业伙伴

首先，你应当明确自己为什么要寻找创业伙伴，是资金、技术还是其他原因；其次，要选择与自己志同道合、能够优势互补的人作为合作伙伴；另外，要通过多种途径掌握合作伙伴的品行、诚信度、资产状况和家庭背景等情况。只有足够了解一个人，你才能够放心地和他合作。

2. 明确合作伙伴的职责与利益分配

合作初期，创业合作者就要明确合作伙伴的各自职责及利益分配，最好能拿出书面合约，这样可以在后期的经营中不至于遇到问题就互相指责，推卸责任，或者因为利益分配不均而反目成仇。如果在签订了合伙协议之后，仍然有合伙人不按照协议规定的内容办事，那么此时对于创业者来说，最好的办法就是及时中止协议，以避免更大的损失。

3. 合作细节要规范化、合同化

大多数合伙人最初都是因为情义走在一起，从而忽略了很多合作细节，其实这并不利于日后的发展。俗话说："亲兄弟还要明算账"，虽然大家的合作是建立在相互信任的基础上，但关于权责、利益等问题还是要提前明确出来，形成合同，这样可以在很大程度上避免纠纷，创造一个良好的合作平台。

4. 及时沟通，恰当处理双方矛盾

不同个性、不同理念的人在一起做事，产生矛盾是很正常的。但大家的目标都是为了把事业做大做好，在此基础上一切问题都是可以商量的，即便出现矛盾也可以通过及时的沟通、讨论，找出最好的化解方法，促进事业的长久发展。

找到志同道合者一起创业可以让你做到一个人无法做到的事情，弥补你的不足，缩短你成功的时间。当然这并不代表我们每个人创业时都需要找到合伙人，因为人多问题就多、矛盾就多，很容易分崩离析。如果你自己各方面条件都具备，就完全可以单干。

## 着眼小生意也能赚大钱

生意没有大小之分，只有人的能力强弱之分。一个拥有致富心、财富梦的人即使做几块钱的小生意也能赚到大钱。

很多刚刚毕业的创业者，年轻气盛又缺少经验，难免会有一些错误的想法，比如只将眼光投向高、精、尖产品，不愿意生产小产品，研究小项目，认为小产品、小项目市场小、利润低，小打小闹成不了什么气候，其实这是一个非常错误的想法。很多人就是因为赚钱心理过于迫切，导致心态出现偏差，他们只想发大财、赚大钱，不把赚小钱的机会放在眼里，殊不知，小生意中往往蕴藏着大商机。只要一以贯之，不断创新，小生意也能获得令人羡慕的成功。许多大富翁都是从小生意做起，赚小钱发家的。

贾亚芳，2004 年中国十大经济女性年度人物之一，曾经的下岗女工，后来靠一碗凉皮成了闻名全国的百万富翁。她靠 500 元起家卖凉皮，从脚蹬三轮、摆地摊发展到今天遍布全国 20 多个省市、近 200 家的连锁店。

38 岁时贾亚芳下岗了，没了工作的她想自己做点事，但做什么好呢？一次，她与一个凉皮摊的摊主闲聊，知道了卖凉皮每月能赚 1000 多元，而且成本低、投入少，便动了卖凉皮的心思。

贾亚芳先调查了市场，然后用 50 8 元置办齐了卖凉皮的家当。第一次卖凉皮她就净赚了 20 多元，第一个月她赚到了 1100 元，这让她高兴不已，也给了她继续做下去的信心。后来，她决定开店经营。但初次开店，由于凉皮的口味不好，加上店面所在的位置不好，贾亚芳赔了几千元钱。

这次失败，贾亚芳并未灰心，而是及时调整思路。后来，她精心调制了口感更好的凉皮，并重新开店经营。开张的第一天，她的凉皮就卖出了 110 碗，第二天 200 碗，第三天 350 碗……第一个月下来，贾亚芳赚了 1 万多元钱，第二个月的纯收入将近 2 万元。到第三个月，为了能吃到她的凉皮，人们竟要排上两个多小时的队，那条并不宽敞的街道甚至出现了堵塞状况。

半年之内，贾亚芳就赚了将近 10 万元。“捷尔泰凉皮”也在西安声名大振。1999 年，贾亚芳在陕西省工商局注册了“捷尔泰”商标。一年后，“捷尔泰凉皮”和“捷尔泰-肉夹馍”被国家权威部门评为中华名小吃。

如今，贾亚芳的凉皮连锁店已经发展到了全国，并且在新加坡、加拿大成功注册，她还在筹划着把中国凉皮打入国际市场。

我们从黄亚芳的经历中可以领悟到：生意没有大小之分，只有人的能力强弱之分。一个拥有致富心、财富梦的人即使做几块钱的小生意也能赚到大钱。而那些认为自己必须“做大事，赚大钱”的人可能连小事也做不好，连小钱也赚不到。只有放平心态，正确地认识自己，正确地看待大钱和小生意，把态度摆正才能做成事。

一个小小的县级市，却有着自己的民航机场，有着浙赣线上二等大站的火车站，这就是赫赫有名的“小商品王国”——浙江省义乌市。这里汇集了包括饰品、花类、针棉、文化用品、工艺品、日用百货、小五金、皮具箱包、电子钟表、袜类、玩具等在内的二十八大类、七百余小类的十五万余种小商品。从几分钱的纽扣到几万元一只的世界名表，应有尽有。就是靠着这些小东西，义乌连续十年雄踞全国百强集贸市场首位，被称为“华夏第一市”。义乌小商品市场的核心竞争力在于低价策略，同类、同品牌、同质量的商品，这里的批零价仅为一般商场零售价格的三分之一，甚至更低。但更具竞争力的是义乌商人“做小生意赚大钱”的经营理念，这也是他们最引以为豪的生意经。

“不积小流，何以成江海；不积跬步，何以致千里。”创富也是一样的道理。不要瞧不起小生意，一般来说，越小的生意顾客面越广，也越容易赚到钱。比如卖电池和买电视机，你认为哪个更赚钱？当然卖电视机赚得更多，但是电视机属于耐用品，有的家庭十几年才会换一台；而电池却是需要常用常买的。所以，虽然每节电池只要一两元，而一台电视机动辄上千元，但卖电池的人积累财富的速度或许更快。

有人把自己失败的原因归结为缺少机会，缺少展现个人能力的平台或是缺少一个有钱有势的老爸，但是，拥有这些的毕竟是少数，你缺少的这些很多人同样缺少，但为什么有的人就可以成功呢？其中一个原因就是有些人重视从小处积累，一步步踏实行走。而有些人只是在等大生意。

## 别人的需求就是你致富的出路

**立业箴言**

奔驰公司总裁赫尔米特·沃纳说："学会了解别人，知道别人的需求，永远是制造商的任务。"其实，这也是每个创业者的任务。

随着商品经济日益成熟，生意场上的各个领域、各个行业，都已经被人折腾的底儿朝天了，要想找一个未经开发的新行业，比大海捞针还难。因此，潜在的商机就显得十分宝贵。

潜在商机在哪里呢？商机就是消费者的需求，只要有需求，就会有商机。经营大师们说："市场如布，总会有缝隙存在，这些缝隙就是商机，谁先发现这些缝隙，寻隙而入，谁就会成为商场中的赢家。"

每位经商者都希望自己的产品在市场上畅销，那么怎样才能做到呢？很简单，只要你的产品能够满足社会生活的一部分需要就行。世界上第一台自动书法机诞生的过程或许会给你启迪：

一天，谷野来到一家百货公司给朋友邮购礼品。按惯例，他应该在礼品盒上写上几句恭敬的话，但谷野不擅长书法，只好请店员代笔。一位店员小声嘀咕说："已经卖了一百多份礼品了，要是每个都要我们代笔，可够麻烦的！"另一位店员附和着说："是啊，如果有一台自动书法机就好了。"

说者无心，听者有意。谷野心头一动，这不是一个很有价值的市场需要吗？可是这个信息是否准确呢？谷野调查了十几家百货公司，了解到：日本的礼品市场年销售额达几千亿日元，每人每年要送几十份礼品。每份礼品都要写上诸如

“年贺”、“御祝”、“中元”等美好的祝语。而真正擅长书法的人却寥若辰星，许多商店只好请书法家代写，聘金贵得惊人。谷野估计了一下，如果包括每年成千上万张贺年片，那么对书法的需要将相当可观。接着，不久之后，第一台书法机便诞生，并一炮打响。

如果你还在为找不到商机犯愁，那就看看你身边的人都有怎样的需求吧，或许别人不经意的一句话里，就藏着你的亿万财富，关键就在于你是否能发现。经济学者说，商机就在眼皮底下，就在日常生活中。要想从日常生活中发现潜在的商机，就要做生活的有心人。能见人所未见，时时处处从经营的角度审视生活万象，从他人不经意处、从生活的细枝末节中看到“金矿”。

还有一个最简单最直接的方法：从消费者的意见和建议中寻求潜在商机。消费者在购买某种产品时，或多或少地都会给出自己的建议，比如：“如果功能再全一些就好了”“花色不够鲜艳”、“再多一些时尚化的设计我会更喜欢”等，只要你注意聆听，总能寻找到潜在的商机。据说，多用电源插头的问世，就是源于被誉为“经营之神”的松下幸之助。他有一次在市场闲逛，偶然听到顾客议论单用电源插头不方便，他便很快研究生产出“三通”电源插头，推向市场。

多关注重大事件，从中发现商机。通常来说，凡在一定区域内有影响的重大事件，无论是政治的、军事的、经济的、文化的，均隐伴着大大小小的商机。2008年中国举办第29届奥林匹克运动会，就产生了无数商机，包括房地产、建筑、运动器材、百货以及食品、广告、网络企业等。从重大事件中寻求商机，首先要通过各种媒体扩大信息源，其次是要结合自我优势和经营环境，对重大事件做出分析，找准切入点。

从各种流行事物中寻找商机。任何事物之所以流行就是因为有很大一部分的受众，如果能够抓住这些流行的事物，从中寻找商机，很多很容易赚到钱。《喜羊羊与灰太狼》的热播让很多商家看到了商机，于是喜洋洋与灰太狼的卡通形象被广泛地应用到儿童服装、玩具、食品等诸多领域，受到小朋友的欢迎。

一个成功的创业者应该具备敏锐的眼光和超前的思维，要善于从别人的需求中看到潜在的商机，而一个卓越的创业者不仅可以发现商机，更可以主动创造商机，从中获取财富。

## 边淘宝边寻宝，点点鼠标就赚钱

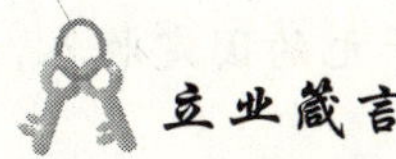


网上购物并不是只提供了一个消费的平台，有买家就要有卖家，你完全可以通过网上开店，寻到属于自己的宝藏，实现创富梦想。

网上购物开创了新的消费方式，也为人们带来了更多的乐趣。闲来无事的时候，打开电脑，轻点鼠标，五花八门的商品就展现在我们面前，只要你愿意，足不出户就可以买到生活中需要的物品。而且，只要你有耐心、懂技巧，网上购物也经常可以用较低的价格买到超值的商品，人们把这一过程形象地称为：淘宝。但是，网上购物并不是只提供了一个消费的平台，有买家就要有卖家，你完全可以通过网上开店，寻到属于自己的宝藏，实现创富梦想。

昵称“小猪”的朱晓燕已经是淘宝网上有四颗钻的老卖家了，从2008年到现在，朱晓燕的淘宝小店已经三岁了。

淘宝上的很多卖家都是由买家发展而来，朱晓燕也不例外。朱晓燕在学校时就迷上了网上购物，几乎衣食住行用的所有东西都是从网上淘来的，最多的时候，她每天要收四五个快递。后来，购物的经验越来越多，朱晓燕就经常能通过网站开展的各种活动买到超值的商品，这些商品都比市场价低很多。由于贪便宜，她也买了不少虽然非常便宜但自己并没多大用处的闲置品，这些东西该怎么处理呢？朱晓燕也很犯愁，但是一看到网上的超值商品，她还是忍不住想买，同学们都笑她成了“购物狂”。

后来，一个朋友说：“既然你喜欢网上购物，又经常能买到便宜东西，何不在网上开个小店，把你买到的闲置物品放到网上卖呢？而且你是用很低的价格买到的，把价格提上去就可以了，既能兼顾兴趣又能赚钱，一举两得啊。”朋友的建议让朱晓燕心里一亮，随后她就在网上注册了一个小店，先尝试着把自己的闲置品放到网上卖。没想到，竟然反响不错，这些闲置品很快就卖完了。尝到了甜头的朱晓燕又继续像以前那样开始在网上抢拍各种商品，然后拿到自己的小店去卖。

后来，随着顾客越来越多，朱晓燕的小店经常断货，不少顾客都有意见。朱晓燕就到附近的批发市场去“淘宝”，然后自己拍照上传到网上，这样利润更高。到大学毕业时，朱晓燕的网店已经基本稳定下来，每月都有几千元的固定收入，多的时候能达到上万元，比很多同学的工资都高。

如今，朱晓燕已经完全把精力投入到了自己的淘宝小店中，虽然订单多时经常需要加班加点，但她非常享受这种生活。

网上开店风险低、易操作，非常适合刚毕业的年轻创业者。但也是由于这些原因，网上店铺的数量众多，买家的选择空间极大，如何在海量的网上店铺中脱颖而出，吸引更多的买家，是每个网店卖家首先应该考虑的问题。

1. 定位

无论做什么，定位都是最重要的，因为这决定了你以后的发展方向。开网店同样需要定位。你要卖什么商品，想卖处于哪个价位的；你的店铺想给买家什么印象，时尚、优雅还是比较大众化，这些都是需要定位的内容。

2. 定价

根据你的店铺定位，为所卖的商品制订合理的价位。

3. 店铺装饰

买家进入你的店铺，你想给他们留下怎样的印象，这与店铺装饰有很大关系。很多网店给人的感觉非常凌乱、不上档次，很大一部分原因就是店铺装饰水平不高导致的。

店铺装饰中非常重要的一点就是商品图片，因为网上交易买卖双方无法见面，买家对商品的了解都是来自于图片。所以，那些有实拍图、细节图的网店会让买家感觉更专业、更放心。

网店装饰中绝对不能忽视的就是商品描述，这是买家挑选商品的重要依据，如品牌介绍、尺寸、面料、材质、模特试穿效果等。

4. 客服

客服的回复速度、态度、语气等都会对买家产生决定性的影响。一旦商品出现问题，要及时、热心地解决，买家的口碑就是网店的生命。

5. 发货

收到买家的订单后要尽快发货，发货后最好能够电话或者短信通知买家，以便买家放心。要选择信誉好、送货速度有保障的快递公司。

6. 促销

在海量店铺中，要想让自己的网店脱颖而出，被更多的买家看到，就要积极参与网站举办的各种促销活动，提高销量和店铺知名度。

## 考虑加盟，“入股”别人的事业

**立业箴言**

如果你想在创业过程中投资较少的钱，同时能够获得别人的指点与帮助、承担更小的风险，那么，做加盟店是个不错的选择。

如今，各种媒体上创业加盟的项目非常繁多，开出的加盟条件也相当有诱惑力，特别是对于走出校门不久的年轻人来说，加盟创业比起独立创业具备一些独特优势。所以，考虑加盟，也是不错的创业选择。

那么，加盟创业究竟具备哪些方面的优势呢？

首先，连锁加盟都是一些比较成熟、品牌知名度比较高的项目，很多还拥有相对固定的消费群体。加盟这样的项目不用担心没有顾客上门的情况出现，投资风险较小。

其次，由于是加盟店，各家店贩售的商品是一致的。加盟代理商统一采购，能够将采购成本降下来。而这个降下成本而产生的利润，就会回馈到加盟店的身上。例如加入一个服装加盟品牌，整个品牌服装代理商会统一提供货源，使创业更加轻松化。

第三，因为连锁店的品牌知名度较高、信誉佳、售后保障好，再加上连锁加盟项目的产品比较有独特性或者品质更好，但进货成本可以降低，所以商品利润可以保证。

第四，做加盟店还有一个优点，就是开设一家同样规模、同样设备的店，加盟创业的投资金额要比起独立创业的投资低。因为加盟总部有完善的经验、成熟的运作模式，能够帮助创业者以更省钱的方式开店。

王莹是一位80后的新妈妈，自从怀孕以后，她就由于妊娠反应严重而辞职了。但是王莹并不甘心在家里做全职太太，她想生完宝宝后自己做点小生意，这样做既能照顾宝宝又能有一定的收入。

但是，做什么好呢？开始王莹觉得很没头绪，后来怀孕的时候她经常需要买一些孕妇用的衣物，还要准备宝宝出生的各种用品，但是她居住的小区附近根本没有这类的小店。每次王莹都要拖着笨重的身子跑到商场去买，又贵又不方便。这时候她就想：在小区附近开一家专营母婴用品的小店怎么样呢？王莹把自己的想法跟老公说了，老公也很支持，但要求王莹生完宝宝以后再操办这件事情。

打定主意之后，在生宝宝前的那段日子里，王莹就在网上查询了相关知识，后来她决定开一家加盟店，这样投资小一些，也有固定货源，比较省心。经过一番比较，她觉得一家名为“天使宝贝”的加盟商不错，包括店铺选址、装修、商品陈列等，总部都会有专人指导。更重要的是，如果有卖不出去的货物，总部还负责免费调换，这样就没有货品积压的后顾之忧了。让老公陪自己实地考察之后，王莹就与总部签订了合作协议。

宝宝两个月大的时候，王莹的“天使宝贝孕婴店”也如期开张了。在总部的帮助下，她的加盟店运转的很顺利，由于店铺的位置选得好，生意也很不错。开始的时候，王莹一边在店里守着一边带宝宝，后来老公觉得这样太辛苦，就让她找了个帮手。如今，王莹的加盟店每个月都能给她带来不错的收入，宝宝也在她

**的照顾下健康快乐地成长着。说到做加盟店的经验，王莹说认为项目的选择非常重要，另外对加盟商的考察也至关重要，哪个方面出了问题都会导致创业失败。**

王莹的成功体现了加盟创业的一些好处，不过，如今的加盟项目五花八门、花样繁多，良莠不齐，其中就有很多加盟商根本不具备加盟代理的条件，他们通常会提供非常有利的条件来诱惑创业者，最终目的根本不是要帮助加盟者共创双赢，而是为了骗取创业者的钱。所以，在决定加盟某项目时，一定要擦亮眼睛，对加盟商的资质有所了解，不要被他们的花言巧语所蒙蔽。

现在网络上也涌现了很多的加盟网，它为我们的创业者提供了一个选择创业和创业交流的平台，为创业者提供了详细的品牌加盟信息，并提供最新的招商加盟项目，筛选好最佳的创业项目后，你就可以根据自身的条件选择适合自己的致富项目。

那么，加盟什么样的项目才是最好的呢？这并没有定论，每个人的情况不同，适合的项目也不一样。在决定加盟时一定要深思熟虑，多方考察，找到适合自己的项目，努力将创业的风险降到最低。

## 创业资金不怕少，合理支配最关键

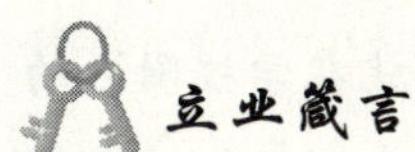

**立业箴言**

**创业不需要我们拥有很多钱，创业成功和起始资金量的多少没任何联系。但不论钱多钱少，都需要用智慧去支配。**

很多刚刚步入社会的年轻人认为创业的最主要的问题就是资金，他们刚刚走出校门或者工作时间短，没有什么积蓄，于是就被资金的门槛挡住，打消了创业的念头。还有很大一部分人认为创业时资金越多越好，其实未必。如果创业初期你就拥有大量资金，这当然可以不为金钱烦恼，但你是否想过，如果一个人拥有很多资金，那么在开始创业时就可能在某一项目上投入过多，而这其中可能有一些资金的投入是盲目的，这无形之中就增加了创业的风险。此外大量案例显示，个人创业成功和起始资金量的多少没任何联系。比尔·盖茨辍学创立微软，休利特和帕卡德在自家车库创立惠普，创业资金都很少。而在几年前的网络泡沫中倒下的企业，很多都实力雄厚。

因此，创业有时并不一定需要我们拥有很多钱，但需要我们用智慧去支配这些钱。

乐乐从小就对服装设计表现出了浓厚的兴趣，家里大大小小的布娃娃，很多都穿着乐乐亲自设计并缝制的衣服，这都是她十多岁时候的“杰作”。

长大以后，乐乐对服装设计依旧兴致不减。很多穿旧了的衣服，经过她修改，就会有了新的味道，乐乐把这当成一种游戏和休闲的方式，乐此不疲。甚至一些新买来的衣服，乐乐一旦觉得款式上有任何缺陷，也会拿来就改，而且改得非常好。

上大学之后，哪位同学对自己的衣服有不满意的地方，乐乐也会帮忙修改，同学们都说经乐乐改过的衣服款式非常独特，设计很有品位。后来，一位同学拿着乐乐改好的衣服说：“乐乐，我认为你应该去做服装设计，然后把自己设计的服装做出来，肯定很有市场。”一句不经意的话却提醒了乐乐，有美术功底的她很快就将自己设计的服装图纸画了出来，但是怎么根据图纸把衣服做出来呢？

思考了很久，乐乐从自己的生活费中拿出300元钱，用这些钱买了布料，然后请裁缝按照自己的设计做了十几件衣服。拿到衣服之后，乐乐就在学校附近的夜市上摆了个小摊出售。没想到，这些衣服非常受欢迎，很快就卖完了，甚至还有人要求预定。乐乐不仅收回了300元的成本，还赚了几百元。

赚到这些钱之后，乐乐对自己的设计更有信心了。她又向父母申请了几千元钱，设计了两款新的服装，交给服装加工厂批量生产，自己再把生产好的衣服卖掉。就这样，从几十件到几百件，从一种款式到多种款式，乐乐设计的服装受到越来越多人的喜爱。几年后，乐乐不仅开创了自己的服装品牌，更有了自己的服装工厂，专门生产并销售自己设计的服装。而她也有了上千万的身价。

只要应用得当，即使只有几百元的创业资金，照样能滚出上千万的财富。所以，对于创业者来说，不要认为资金少就不能创业，关键是看怎么用这些钱。有些人开始创业就拿出几十万或者几百万的资金，这并非不可，但切记资金多就大手大脚，不做预算或者只是简单估算，更不能好大喜功、铺张浪费，如果这样，即使再多的钱也会很快就会赔得精光。

当然，上面的故事只是个例，一些大的投资项目，需要的创业资金还是很多，但不管有多少钱在手，都要有严格的预算和精心的支配，充分发挥每一分钱的价值。在法律允许的范围内，能够以最少的投资赢得最多的财富，这样的创业才称得上成功。

# 以小钱立大业，学会理财早致富

# 越早理财，越早成功

**立业箴言**

**理财和女人的基础保养一样，越早开始越好。只有学会理财，手中的钱才能越来越多，人也会越来越自信，生活质量也会越来越高。**

时间进入2011年，最初的一批80后已经迈入“三十而立”的行列，就连1989年出生的年轻人也已经走出大学校门，开始踏入社会，接下来，他们将进入人生最关键的一个时期：成家立业。而这简单的几个字需要大量的金钱来支撑：恋爱结婚、生养孩子、赡养父母……如果你想实现财务自由，保证自己及家人都能拥有衣食无忧的生活，就必须学会理财。

只有口袋里有钱，才能应对各种生活需求，从而感到真正的快乐。简单地说，理财就是通过管理钱财使生活水平越来越高，生活质量越来越好。有一个美国老太太，她没有什么显赫的背景，也不懂理财的条条框框，她只是把每个月的薪水都拿出来一部分做储蓄，等攒到一定金额时，就买一张可口可乐的股票，这样一直坚持下来，到退休后竟然已经有了上亿美元的资产。理财，其实就是这么简单，只要你身体力行地去做，并且长期坚持，就会有好的结果。

理财和女人的基础保养一样，越早开始越好，但很多人在学生阶段只顾着读书，毕业后又忙于工作，成家后则是一门心思地赚钱买房、买车，等这一切全都结束了，才会考虑储蓄与投资。然而，这时无论你再存多少钱，也不管你的投资手段有多高明，都挽回不了你所遭受的损失，即时间效用。因为财富是依靠时间积累出来的，一次失去的时间绝对不可能再追回来。而且，刚刚毕业的年轻人在理财这个问题上还存在不少误区，一般表现为以下几方面：

误区一：我是月光族，根本没财可理。很多穷二代本来就没什么家底，工作以后的薪水或者要偿还助学贷款，或者要补贴家用，而且刚毕业时挣得又比较少，所以，几乎每个月的工资都会花得精光，基本没有剩余。他们觉得自己这么穷，本来就入不敷出，实在是无财可理。其实，这种想法是不对的，理财是一种习惯，要尽早培养，即使钱不多，也要尽量开始储蓄，多多学习理财知识，一旦有了好的开始，你手中的钱就会越理越多。

误区二：我挣得多，即使不理财也不会有财务危机。有些富二代的家境比较好，或者一些人毕业后就找到了一份高薪的工作，收入不错，没有财务上的危机感，认为自己没必要理财。可是，人总是要学会未雨绸缪，何况，一个人的赚钱能力与理财能力是相辅相成的，挣得多更应该好好打理自己的钱财。

误区三：理财有风险，还不如把钱放在手里踏实。有一部分年轻人还存在这种传统思想，认为自己的钱不多，存进银行也没有多少利息，用来投资又承担不起风险，还不如放在自己手里踏实。可是，钱放在你那里就是死钱，永远不会变多，储蓄的利息是不算多，但只要善加利用，也能帮你积累财富。

如果你想在三十而立的时候能够独当一面，拥有自己的事业，就要树立正确的理财观念，尽早学会理财。

首先，理清自己的财产状况。在决定理财之前，要对自己的财产状况有个清楚的了解。手中有多少现金、多少不动产，或者多少负债，在此前提下做出符合客观实际的理财计划。

其次，以稳健理财为主。刚毕业的年轻人，大多数资金少，承受风险的能力较弱，可以通过储蓄、保险等手段先打牢地基。

再次，安全投资，规避风险。在你准备投资之前，首先要明白一个道理：高收益意味着高风险，理财的大忌就是急功近利，你最好对自己的风险承受能力有一个正确的评估，然后根据自身条件进行投资组合，让自己的资产在安全的前提下最大限度地发挥保值、增值的效用。

最后，理财是一个长期的过程，在这个过程中，要不断地学习理财知识，积累理财经验，修正理财计划，完善自己的理财行为。

穷二代们不要认为钱少就不能理财，更不要以为年轻就不用急着理财。只有尽早做好理财规划，你手里的钱才会越来越多，积累财富的速度才会越来越快。

如果一直拖延，越晚开始理财，贫穷延续的时间就会越长，生活就会越辛苦。而对于富二代来说，或许你暂时没有财务方面的烦恼，但须知人要懂得居安思危，没有谁敢保证自己一辈子总是有钱人，尽早学习一些理财的本领，才是给自己的财富上了一道保险，你的财富之路才能走得更远。

## 对钱要热爱，更要吝惜

立业箴言

犹太人普遍遵守这样一个发财原则：不要让自己的支出超过自己的收入。如果支出超过收入便是不正常的现象，更谈不上发财致富了。

这世界上不爱钱的人几乎没有，但真正懂得怎样爱钱的人却不多。很多刚毕业的年轻人一方面说要独立，要挣钱自己养活自己，一方面却又挥金如土，花钱没有计划。其实，钱也是有感情的，你对它好，想得到它，珍惜它，它才会来找你。如果你不知道珍惜它、爱它，它就不会来找你。所以，对于钱，我们不仅要热爱，更要吝惜。要知道，你所拥有的财富＝所赚总数－开销总数，即使赚得再多，统统花掉之后，也和从没赚过是一样的。很多成功的立业者都是“吝啬成性”的人。

如今说起宜家家居，几乎无人不知无人不晓，自 1965 年坎普拉德创办第一家宜家商场开始，如今，宜家已发展成为年营业额近 180 亿美元的跨国家居巨头。宜家公司的创始人英瓦尔 · 坎普拉德也在世界富豪榜中位居前列，但这位亿万富翁却是有名的“吝啬鬼”。

英瓦尔 · 坎普拉德经常的装扮就是：一件褪了色的旧外套，一双磨损了的旧鞋，再加上一副样式很老的眼镜，看起来像极了一个勉强度日的穷人。而且，他也一直过着节俭甚至堪称拮据的生活。有这样几个细节，足可以说明问题。

坎普拉德的家乡为他建了一座雕像，出席剪彩仪式时，坎普拉德竟把彩带工整地折好后递给市长，告诉他彩带还能继续使用。

坎普拉德在参加一个商业晚会时，被保安人员挡在了门外，因为他们看见坎普拉德竟然是乘坐公交车来的。

坎普拉德解雇了长年为他服务的理发师，因为新聘的理发师收费更加低廉。

坎普拉德和妻子玛格丽塔住在瑞典一幢普通别墅里，他们经常光顾便宜的餐馆，在下午食品减价时开着一辆老掉牙的"沃尔沃"汽车到当地市场采购，并且像普通百姓一样跟小商贩讨价还价，甚至连自己居所里的家具，都是坎普拉德在宜家大卖场中淘回来的。

坎普拉德说，每次花钱时，他都会问问自己宜家的顾客是否也一样承受得起。

有人觉得奇怪，为什么很多超级富豪都过着非常节俭的生活？他们穿便宜的衣服，开很普通的车，混在人群里根本认不出来。但那些不是很有钱的人，比如只有一百万却全部花了来买一栋房子或者一辆好车，还有一些根本没钱的工薪阶层，宁愿饿肚子也要买名牌包包和鞋子。其实，答案也许很简单，对于超级富豪来说，他们往往经历了非常艰难的立业过程，所以他们更懂得如何爱惜自己的财富。另一方面，当他们手中拥有了巨额的财富后，钱对他们来说就成了一种工具，他们根本用不着再借助阔气的外表来彰显自己，他们本身就是成功的象征。

对于走在立业途中的年轻人来说，你对金钱的态度只有热爱是不够的，还要吝惜。尤其是不缺钱的富二代们，不要因为你的父母是富人就感觉钱来得容易而随意花掉。财富只属于自己的主人，一个只知挥霍的人，即使有能力拥有财富，财富陪伴他的时间也会非常短暂。也就是说，你不能只想着发财，还要想办法保护自己已有的钱财。

古巴比伦城中的犹太富商亚凯德的致富秘诀是：

一、当我每次把十元钱放进钱包时，我最多只花九元；

二、一切花费都必须有预算。当你花钱得到应有的享受时，不至于动用十分之一的金钱储蓄；

三、让每元钱替你做工。金钱好比田野中的羊群，不断地替代，生出小羊，使钱包里源源不断地有金钱流进；

四、投资一定要安全可靠，不但能收回资本，还要能得到规定的利润；

五、为了防老和养家，你要尽早准备必需的金钱；

六、要培养自己的力量，通过不断地学习和努力来增进自己的智慧和技能，从而达到自己的期望。

亚凯德的教诲，使犹太民族子子孙孙获益良多。走在立业之路上的年轻人如果能够领略其中的精髓，定会对自己的人生大有裨益。

松下公司的创始人松下幸之助曾告诉人们：要爱金钱。这句话说得一针见血。如果不爱钱，就抓不住财富。只有爱钱，财富才会逐日增加——钱怎么会躲在不爱钱的人手中呢？

满怀抱负的年轻人们，如果你想成就一番事业，首先要有钱。而想要有钱，就要先爱钱。只有对金钱有了爱惜之情，你才会时时处处寻访金钱的影子，才会想尽办法去挣钱，才会在日常生活中减少浪费。只有学会了珍惜金钱，合理地支配金钱，你才能将自己的财富运用得当，才能靠自己的努力打下财富“江山”。

## 告别“月光族”，炼成“理财精”

富兰克林告诫我们：“有能力的时候，便应为将来未雨绸缪，晨光并不会整天照耀。”所以，不要把自己手中的钱花个精光，要给自己一点安全感。

在我认识的朋友中，很多人都是“月光族”，这里面有家境好的富二代，也有家境差的穷二代，但他们都有一个共同的特点：有钱就花，没有计划，没有节制，更没有理财观念。对于富二代来说，“月光”多半不会造成什么严重的后果，毕竟身后还有富有的老爸撑腰。但是不会理财的富二代还能富多久，这是个问题。对于穷二代来说，“月光”的情况更是不容乐观，老爸老妈需要你养，失业的危险可能随时降临，疾病也会不期而至，这些事情都需要用钱来解决，如果你一点积蓄都没有，生活就会随时陷入危机。所以，不管是为了生活的稳定还是为了立业的长久大计，都要治好“月光”这个硬伤。

我的朋友小枫就是个不会理财的穷二代。大学时，刚从家乡来到大城市，对一切充满了好奇，她经常和宿舍里的姐妹们东逛西逛，看到喜欢的东西就买，开学时家里给了半年的生活费，她却不到两个月就花光了。剩下的时间，她就变着花样找借口跟家里要钱。

大学毕业后，小枫找了个外贸业务的工作，收入虽然不是很稳定，但平均下来每个月也有四五千，如果好好计划，也能攒下不少钱，但小枫还是月月光，不但没有钱贴补家里，甚至到月底还要借债。

我们来看看小枫的钱都是怎么花的吧：每月房租一千块，生活费用差不多一千块。另外，她喜欢网上购物，闲暇之余最大的乐趣就是“淘宝”。但小枫的眼光从来不停留在那些几十块钱的东西上，她认为太便宜，根本体现不出品味，所以动辄几百块钱的衣服，鞋子、包包、化妆品每样一件，不知不觉就会花掉两千来块。在休闲方面，小枫喜欢和同事一起去泡吧、喝咖啡，她认为只有这样才能培养自己的气质，跻身“上流社会”，或许还有机会钓个金龟婿，这一项每月也要花掉一千多块，不过小枫并不心疼，她认为这是必要的投资。

就这样，毕业四五年了，小枫还是标准的“月光公主”，虽然生活过得很精致，但有时看到自己存折上的寥寥无几的存款，她心里也会觉得没底。

如今，都市里像小枫这样的年轻人有很多：他们收入不错但消费毫无计划，他们看不清自己的责任，不知道想要的究竟是什么。很多“月光族”也会感觉困惑：为什么我总是缺钱？明明卡里的数字在发工资时总是让人兴奋，可没过多久那4位数就变成了0。一个月30天的日子也不是很长，可是总有一阵儿是那么的拮据。要怎样做，才能走出月光的困境呢？

其实，大多数“月光族”并非收入不高，他们中的不少人处于中等收入水平，即使考虑到物价飞速上涨的因素，也不至于入不敷出。但是“月光族”都有一个共同特点：他们通常对于社会流行时尚趋之若鹜，花销主要集中在追求时尚方面，比如购买高级服饰、鞋包、新兴电子产品，或者消耗在了酒吧、迪厅、健身俱乐部、高级会所、电影院等场所。只要能满足自己享受生活的乐趣，“月光族”一般不会迟疑。他们认为赚钱就是用来花的，钱不够用只能说明目前的工资还无法满足自己的生活需求。很多“月光族”对于理财感到陌生，他们认为自己现在还不需要理财，或者认为自己无财可理，然而事实却并非如此。你可以从以下几方面做起，慢慢摆脱“月光族”的身份，修炼为“理财精”。

1. 开始记账。每天每月或定期进行手工记账；或采用家庭理财软件来记账，很多网站都免费提供这类软件。总之，选择最得心应手的一种记账方法即可。

2. 强制储蓄。拿出每月收入的 30% 或者更多存进银行。平时买东西剩下的零钱可以放进存钱罐或者信封，比如你原本预算用 200 块钱买一条裙子，但现在商场正好打八折，你只用花 160 元就买到了目标商品，那么剩下的 40 块就可以作为你“赚的钱”存起来。这样积少成多，数目也很客观。最重要的是，它能帮你养成储蓄的习惯。

3. 学会做饭，在家做伙夫。据调查，如今有高达八成的年轻人一日三餐都在外解决，因为在外吃饭很难控制费用，有时不过多点两个菜，就会多花几十块，所以他们月收入的一大半就是被“吃”掉的。如果能在家里开火，并带盒饭上班，饮食费大约可节省近三分之二。把省下的钱定期存入银行，也是一笔不小的数目。

4. 享受“低碳生活”。如今，“低碳生活”是一种时尚，很多人都在倡导低碳省钱的生活方式。你也可以尝试一下当下流行的各种节约、省钱招数，根据自己的生活习惯和作息时间，合理安排自己的低碳生活，循序渐进地省钱、省能源，让自己活得健康快乐。

5. 尽量用现金付款。付现金和刷卡的感觉是不一样的，付现金是有感觉消费，刷卡则是无感觉消费，而无感觉消费会让你花掉更多的钱。

6. 逐渐学会投资。可以遵循“由少到多”“由低收益稳健性到高收益风险型”的步骤，或者委托可靠的专业投资顾问公司帮你理财。

## 学习投资，让钱“生”钱

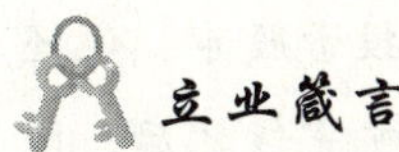

**立业箴言**

不要只让你的钱待在保险箱里睡懒觉，拿去投资，让钱生钱，这才是存款的终极目的，也是一条致富的捷径。

要立业，没有资金是不行的，大部分穷二代都要靠着自己的努力来获得第一桶金。这就要求我们必须学会理财，学会投资，让自己的资产不断升值，加快积累财富的速度。

台湾理财专家黄培源研究大量致富者后得出一个结论：1/3 的有钱人是天生的，1/3 的靠创业积累财富，1/3 靠投资理财致富。由此看来，通过投资赚钱的策略是获得财富的最佳途径。所以，当你手中积累了一定的金钱之后，就要学会用这些钱进行投资，让钱生钱，而不是简单地储蓄。在成功人士看来，用钱追钱，自然要比人追钱快得多，因此，要想获得财富就要学会投资。

陈斌是一位刚刚毕业不久，新入职场的 80 后，收入不高，家庭条件一般，他把自己归入穷二代的行列。

陈斌每月的薪水是 3200 元，除去餐费、车费、通讯费等日常开销，还有一些结余。为了避免不必要的花费，陈斌在工作的第一个月就开始记账，花的每一分钱都有详细记录。到了月底，他把必要的、固定的消费勾画出来，然后以此为依据，确定将收入的 60% 归为日常支出，维持基本生活。再抽出收入的 10% 作为浮动开销，偶尔满足一下自己的购物欲。剩下的 30% 和不定时的奖金补贴，就用于投资理财。

开始，陈斌先是把剩余的钱都存到银行，待积累了一定数额之后，他就开始规划这些资金。一部分仍然存在银行，由活期改成定期；其他的部分则全部用来投资。投资什么比较好呢？他听朋友说现在股市的行情不错，只要见好就收，应该就能赚到钱。但是考虑到投资股票的风险较大，陈斌还是持谨慎态度，只拿出一万元去证券公司开了户。然后，结合朋友的意见和自己的看法，买了一千股价格较低的股票。幸运的是，这只股票的价格一路上扬，最终陈斌获得了近三倍的赢利。

尝到了钱生钱的甜头后，陈斌理财的兴致更高了。除了继续投资股市，他还拿出了一部分钱用来买基金、保险等理财产品。现在，每天回家吃完饭之后，陈斌就要研究一下自己制作的现金流量账户，以确定下一步的投资策略。他还适时地通过网络、书籍补充投资理财的知识。功夫不负有心人，他的资产也在不断地增长。

谈到自己这几年来的理财经历，陈斌说："投资有风险，理财就是打组合拳，均衡风险和收益的差值。作为年轻人，需要树立投资的观念，培养理财的习惯。虽然我现在投资的理论知识尚不完善，但在不断地摸索实践中，我已经有了理财的意识，随着知识的吸取和经验的积累，我相信自己在投资理财的道路上会越走越好。"

陈斌的投资经验对大部分刚毕业的年轻人特别是与他情况相似的穷二代都很有借鉴意义。这一群体即使薪水不高，只要精打细算，还是会有结余，此时是投资理财的最好时机。因为人生以后的大事还有很多，比如结婚、买房、生子等，都需要大笔资金。只有在刚毕业时就做好投资规划，让钱生钱，以后的生活才不会有后顾之忧。

很多人认为投资有风险，储蓄是最安全的方式。但你如果只是将钱往银行账户一放，按照目前的利率水平和通货膨胀率，你的钱只会贬值。只有投资才能让钱生钱，这才是存款的终极目的。也许在你看来，投资真是一件困难的事情，你对此根本不感兴趣。可是，没有人生来就是成功的投资者。从投资到承担风险将是一个过程，你应该尽早开始学习，只相信自己的运气是靠不住的。失败并不可怕，可怕的是你从未开始。

李嘉诚说：20 岁以前赚来的钱都是辛苦钱；20 ~ 30 岁是努力赚钱和存钱的时候；30 岁以后，投资理财的重要性逐渐提高；中年时赚多少钱已经不重要，这时候管钱比较重要。也就是说，在 30 岁前我们要靠智慧和体力赚钱，而在 30 岁以后的漫长人生中，就要学会投资，让钱去帮你赚钱，毕竟，钱追钱比人追钱要快得多。

## 能挣会花，享受品质生活

**立业箴言**

洛克菲勒告诉我们，要“紧紧地看住你的钱包，不要让你的金钱随意地出去，不要怕别人说你吝啬。当你每花一分都有两分利润的时候，才可以大胆地花钱。”这是对能挣会花最好的诠释。

现代社会竞争激烈，刚毕业的年轻人正处于打拼的关键阶段，他们承受的各方面的压力也很大。为了缓解压力，有些人就选择了疯狂购物。一旦觉得心里郁闷，就会逛商场逛超市，东西一包一包地拎回家，钱大笔大笔地花出去，只为享受购物时那一瞬间的快感。但选择用购物的方式来缓解压力的人在事后多半会后悔：既浪费了钱，还买了很多没用的东西。挣钱当然是用来花的，但不能乱花，能挣会花，用最少的钱享受品质生活也是一门学问。不过，也有一些年轻人懂得精打细算，花钱不多，生活质量却一点都不差，晓徽就是很好的例子。

晓徽家境殷实，她毕业后应聘到某家大型公司做财务工作，收入并不低，可以算得上比较成功的“富二代”。但她并没有因为有钱就养成乱花钱的毛病，她的消费理念是：钱是用来花的，但要花的值。我们来看看晓徽是怎样安排自己的生活和消费的吧。

每天上班时，晓徵都会提前一站下车步行到单位，既能呼吸一下新鲜空气，又能锻炼身体。如果不是人际交往的需要，晓徵从不在外面吃饭。“自己做饭吃得好，营养够还不贵。”晓徵说，这才是真正的时尚。在穿衣方面，晓徵很讲究，买衣服一定要去商场，“我是喜欢名牌衣服，也不会背便宜的包。而且，毕竟是在比较大的单位工作，只有穿得好一点才与公司的形象相当。”不过，晓徵从来不像别的女孩那样，见到喜欢的衣服、包包就毫不犹豫地买。她买衣服讲求的是少而精，而且基本上都成套地买，那样才不会出现满柜子的衣服却找不出可以搭配的情况。

晓徵在精神消费上也从不吝啬。周末她最喜欢的事情就是逛书店，看到喜欢的书就会买下来，每月在这方面的消费就要一两百。宽带费用更是必不可少，上网看新闻、查资料、欣赏电影都是她生活中必不可少的内容。

说到消费，晓徵认为：“该花的钱不要吝惜，而且最好一步到位。比如买一些耐用品，我就一定会买品牌，不会图便宜买一些品质没保障的产品。但是对于不该花的钱，我认为多花一分都是浪费，所以，能坐公交的时候我肯定不打车，不是心疼那点钱，而是觉得没必要。”

现在的年轻人特别是经济条件较好的富二代都讲究生活品位，希望过一种舒适优越的生活，不过品味并不一定要用钱来打造。晓徵每个月的支出并不算多，但谁能说她的生活没有档次？我们都要明白一个道理：幸福与花钱多少并不成正比，只有把每一分钱都花在刀刃上，才能体现钱的最大价值。而只有能挣会花的人，才能很好的支配金钱，做钱的主人。

有一位大富豪走进银行要借一美元，却用一大堆股票、债券等共价值50万美元的资产作担保。工作人员非常好奇，他怎么也弄不明白，一个拥有50万美元的人，为什么会跑到银行来借一美元呢？最后他向富豪请教了这个问题，富豪回答说：“好吧，我不妨把实情告诉你。我来这里办一件事，随身携带这些票券很不方便，便问过几家金库，要租他们的保险箱，但租金都很昂贵。所以我就到贵行将这些东西以担保的形式寄存了，由你们替我保管，况且利息很便宜，存一年才不过六美分……”听完这些，工作人员十分钦佩这位先生，他的做法实在太高明了。

这位富豪之所以富有，与他的精明是分不开的。

当今职场，跳槽率居高不下，其中一个重要原因就是很多年轻人总是觉得入不敷出，为了寻找挣钱多的机会，他们不断跳槽，以为挣得多了，钱就够花了。但找到了新工作，钱还是不够用，只能又换工作。其实，他们没有找到导致自己没钱的真正原因，那就是不会花钱。只要学会了花钱，哪怕一个月只挣2000块钱，你的生活也可以美满充实。所以，如果下一次你又感觉自己生活拮据的时候，不要再嫌自己挣得少了，先来看看自己的花钱习惯。一种坏的花钱习惯，决定你一生也不可能成为富人。即使你是生在金窝里的富二代，如果花钱像流水，不计后果、没有规划地花钱，就算是金山银山也会坐吃山空。

传统的理财观点是勤俭持家，如今比较时尚的理财观念是：勤俭持家比不上能挣会花。年轻人们完全可以通过发挥个人特长，广开财源；挣钱后再科学打理，积极消费，从而尽情享受挣钱和消费带来的人生乐趣。

## 巧用“网银”，省时省心更省钱

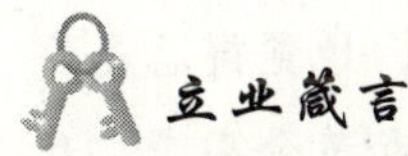

**立业箴言**

美国作家马克·吐温说：“如果你懂得使用，金钱是一个好奴仆，如果你不懂得使用，它就会变成你的主人。”在网络时代，这句话同样适用。

想必你一定有过这样的经历：去给别人汇款或者将一个账户的资金转到另一个账户，你先要来到银行，然后取号、排队再办理业务，这中间往往需要耗费大量的时间。但是，如果换一种方式，采用网银交易，你就可以在几分钟之内轻松搞定，而且往往能享受到更低的交易手续费。

在如今的年轻人中间，如果没有听说过网银、没有开通网银或者没有使用过网银，那你就 out 了。网银是网上银行的简称，又称网络银行、在线银行，是指银行利用互联网技术，向客户提供开户、销户、查询、对账、行内转账、跨行转账、信贷、网上证券、投资理财等传统服务项目，使客户可以足不出户就能够安全便捷地管理活期和定期存款、支票、信用卡及个人投资等。可以说，网上银行是在互联网上的虚拟银行柜台。网上银行又被称为“3A 银行”，因为它不受时间、空间限制，能够在任何时间 (Anytime)、任何地点 (Anywhere)、以任何方式 (Anyhow) 为客户提供金融服务。网上银行满足了人们取现、购物、缴费、投资等各种需要，用好网上银行不仅省时省力还能在很多地方省钱，所以，学会巧用“网银”是理财的必修课。

小方是我们单位的文员，她的工资并不高，只有 2400 元，但是她巧妙的使用网银，每年都能存下不少钱。

原来，小方办理了关联工资卡的定期一本通，每个月发了工资之后，她通常都是在工资到账的当天就把零头用网银定存起来，像上个月的工资是 2450 元，她当天就定存了 240 元。然后到了月中的时候，她查看自己的花费状况，如果还有很大剩余就再把零头定存一次。如果到了月底还有剩余的话，就等下个月工资到账后合并在一起，再将零头定存取起来。这样，小方既能保证生活质量，也能存到钱，这样循环下来，还能最大化地获得定存利息。

为了准确掌握自己存款的数额，小方还会每三个月跑一趟银行，将存款数据都打印在定期一本通上，这样就能方便地进行账户管理了。后来，她觉得总是存零头好像不行，想试一试投资，于是就在网银上开通了基金买卖和黄金买卖，利用网上支付（限额 300 元）的功能，可以进行基金定投和买卖纸黄金，准备下个月开始定投。

自从办理了网银和定期一本通以后，小方省下了不少时间，还能省下经常跑银行的路费，非常划算。

据调查显示，在理财方面，“富二代”比“穷二代”掌握的理财常识要多。但和父辈们在理财上的习惯不同，富二代们喜欢上各种网站收集理财信息，在形成了初步理财计划的情况下，可能每隔一段时间才到银行去一次，一次性办理多笔投资业务，平时则喜欢用网银进行各种投资。事实上，通过网银理财的确能够取得事半功倍的效果。比如通过网银购买基金，每当基金行情火爆，许多人到银行网点排队购买基金，会给银行柜台增加很大压力，也增加了个人的等待时间。现在各大银行基本都开通了网银购基金这项业务，不仅方便，还有费率折扣。有些银行的费率折扣甚至可以低到四折。

具体说来，通过网银，可以在以下几方面省钱：

1. 用网银转账可省手续费

现在银行提供的转账方式有四种，分别是柜台办理、ATM 机转账、电话银行和网上银行。相对于柜面汇款，通过网上银行向异地同一家银行汇款，手续费明显便宜很多。

2. 巧用在线充值

很多工薪族由于工作繁忙，经常因为忘记充值而造成手机停机，又很难临时找到购买充值卡的地方。如果开通网上支付功能，就可以在线为手机充值，从而避免了手机停机的事情发生。而且，很多银行都为客户提供了在线充值优惠，可以省下一笔开销。

3. 在线报刊特惠订阅

如果你是某些报纸杂志的忠实读者，就可以开通网银，然后通过银行提供的“在线特惠报刊订阅专区”购买自己钟爱的刊物，价格会比别的地方便宜不少。

使用网银虽然方便省钱，但也要高度注意安全问题：

1. 利用网上银行进行转账操作时，要仔细查对，以免输错账号，并防止密码和账号泄露。

2. 尽量使用私人电话和家用电脑，不要在网吧、办公室等公共场所操作网银。

3. 目前，有些网上银行暂时免费，但也有些收取年费，开通前应询问清楚。

## 不做“卡奴”，做“卡神”

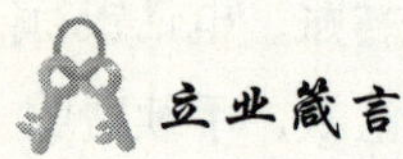


不要埋怨信用卡让你成为“卡奴”一族，这并非它的本意，其实是你对它不够了解。其实，信用卡的功能并不局限于消费，同样可以用来省钱甚至赚钱。

随便翻开哪个年轻人的钱包，首先映入眼帘的肯定是五颜六色的卡，银行卡、信用卡、会员卡、打折卡……少则三四张、多则十数张。在这些卡里，有一定透支额度的信用卡颇受刚毕业者的欢迎，因为这可以让他们在某种程度上具备提前消费的能力，比如小王想买一款数码相机，可是因为刚刚开始工作，手里的钱不够，他就可以通过透支信用卡先将数码相机买到手，然后再分期偿还信用卡的透支金额。信用卡当然为人们的消费行为带来了很多便利，但如果对信用卡不够了解，这小小的卡片也会成为吃钱的老虎，将你拉进“卡奴”的行列。其实，信用卡的功能并不局限于帮你消费，只要善于利用，信用卡还能帮你省钱甚至赚钱。最近，一个名叫杨蕙如的27岁女孩的理财故事风靡中国台湾，她就是靠刷信用卡在短短两个月内获利上百万元新台币，被民间奉为“卡神”。如何合理而充分地利用这张小卡片，如何从“卡奴”变成“卡神”，绝对值得每一个信用卡持有者悉心钻研。

安然是典型的80后，单身、爱时尚讲品位，毕业没几年，工资也不高，但名牌衣服、高档化妆品、数码相机、笔记本电脑一样不少。能拥有这些东西，安然从心里感谢发明信用卡的那个人。

安然的钱包里塞满了各式各样的银行卡，其中光信用卡就有八张。这些信用卡都有不同的用途：有专门用来日常消费的，有出国购物消费用的，有用来购买类似笔记本电脑等“大件”的，还有用来分期付款买家具的等。

起初使用信用卡时，安然体会到的是一种刷卡的快感与消费的满足感，并为自己拥有一个精明的头脑而沾沾自喜。通过信用卡消费，她得到了很多超出自己消费能力的物品，但“天下没有免费的午餐”，债终究是要还的。安然越来越感觉到信用卡带来的还款压力已经让她透不过气来。

最近安然总是感觉很郁闷：工作四年，只有几千元存款；平均每月都要收到三四份不同银行寄来的对账单，总还款额不低于3000元。而她每月的总收入也不过5000元，除了还信用卡之外，她还要应付房租、水电费、交通费用、社交活动费等，这让她时常感到财务紧张。

信用卡导致的这些债务就像是一座无形的大山，压得安然快要撑不住了……

你是否也和安然一样，经常望着信用卡账单上的还款金额冒冷汗？你是否每月收入的一半以上都要用来偿还信用卡欠款？你是否已经感觉到信用卡为你带来了财务上的威胁？如果这些问题的答案都是Yes，那你已经确定是“卡奴”无疑了。现在的你，必须要想办法走出这种困境，下面有几个小建议可供参考：

1. 减少持卡张数

信用卡是必要的，但不是多多益善。减少没有必要的持卡张数，可以让自己减少乱消费的概率，也可以增加自己理财记账的效率。同时，将自己的花费集中在数张信用卡上，也有集中管理支出的好处。了解自己的收入及支出形态，是有效理财的第一步。

2. 掌握信用卡消费技巧

为抢占市场，各银行都争先恐后推出自己的用卡促销优惠活动。目前，银行推出的最普遍的用卡促销活动，不外乎是商场品牌促销、用餐打折、商旅分期等。

一般情况下，各家银行会选择节假日与商场进行合作，推出刷信用卡购买指定商品可以享受折扣优惠的活动，持卡人只要留意银行定期寄来的宣传单页或商场的宣传广告就可获得该类信息。

除此之外，商旅分期是最近比较热门的一项用卡促销活动。银行会与信誉度高、规模大的旅行社进行合作，推出国内和国外多条旅游路线供持卡人选择，而且商旅分期的价格也是相当优惠的。这样一来，持卡人就不必再为挑选哪家旅行社苦恼，也不必为手头流动资金不足而担心了。

还有部分银行规定用信用卡购买机票可获赠航空意外险，经常坐飞机的持卡人可以因此节省一笔不菲的保险费开支。

也有一部分人沦为“卡奴”是因为对信用卡的基本常识不了解，刷卡之后会因为还款不及时等原因产生额外的费用，所以，要想摆脱“卡奴”的身份，还要对信用卡的相关知识做到了然于胸。

1. 不用信用卡取现

千万不要用信用卡取现金，除非是万不得已的情况。银行发信用卡，主要目的是为了让客户多消费，赚取更多佣金，如果客户用现金消费，银行就赚不到钱。所以，信用卡的通行惯例是，取现要缴纳高额手续费。有些银行的取现费用高达3%，取1000元，要收取30元的取现费用。

即便是为了应急，取现后也一定要记得尽快还款。因为各家银行普遍规定，取现的资金从当天或者第二天就开始按每天万分之五的利率“利滚利”计息，不能享受消费的免息期待遇。这也是信用卡与借记卡的重要区别之一。

2.“最低还款额”不要轻易用

很多初次接触信用卡对账单的持卡人，都不明白为什么与本期欠款并列的，还有一栏名为“最低还款额”。事实上，“最低还款额”是为那些无力全额归还欠款的人士准备的，一旦你按照最低还款额还款，也就动用了信用卡的“循环信用”，银行将针对所有欠款从记账日起征收利息。但在对账单上，我们并不会看到相关提示。

如某银行信用卡章程就明确规定：“持卡人选择最低还款额的还款方式或超过发卡机构批准的信用额度用卡时，不再享受免息还款期待遇，应支付未偿还部分自银行记账日起按规定利率计付透支利息。持卡人支取现金不享受免息还款期和最低还款额待遇，应当自银行记账日起，按规定利率计付透支利息。”

3. 信用额度常记心中

在信用卡对账单的左上角，通常有专栏提示你有多少信用额度。所谓信用额度，就是信用卡持卡人被允许透支的总额度。通常大家常有的误区是，忘记了自己的信用额度。信用额度少用没关系，如果一不小心超出，不仅不能享受免息待遇，还会被征收超限费。

一个有效建议是，当拿不准自己还有多少额度可用时，咨询信用卡的服务热线！

4. 按时且超额还款

信用卡有一个最后还款日，一定要在这个日期前还请，特别是跨行还款。跨行还款是银行为了方便使用人还款而推出的一项便利服务，但并不是所有跨行还款都会马上入账，因此一定要提前 1—2 个工作日还款。否则一旦还晚了，哪怕只超过了一天，银行也会算利息的。

至于超额还款是因为有时还款时，有人会忽略掉一些零头，比如几块钱、几毛钱等，这样就导致下期账单会出现一个循环利息。银行并不是按照欠款金额来收取利息的，而是以上期对账单的每笔消费金额为计息本金，自该笔账款记账日起至该笔账款还清日止为计息天数，日息万分之五为计息利率。换句话来说，本月你要还 587 元，但是你只还了 580 元，那么利息不是以 7 元来计算的，而是按照 587 元计算。

5. 谨记四个日期

在使用信用卡的过程中，有四个日期需要你特别牢记，它们分别是：

①交易日。指你的实际刷卡消费、取现或转账的日期。

②银行记账日。指银行把你的交易记在账上的日期。需要注意的是，账单中的交易日是指刷卡当天，记账日则有所不同，店家刷卡信息传输到银行需要时间，境外消费一般都会有几天的时差。

③账单日。指银行对你每个月用信用卡交易“算总账”的日期。

④到期还款日。一定要在这个日期前还款，若超过此期限，你对于本期所欠银行的款项就要缴纳利息及其他相关费用了。

小小的一张卡，里面却有这么多知识，而经常使用信用卡的你又了解多少呢？理财就是要对自己花出去的每一分钱都做到心中有数，然后再想方设法地省钱再赚钱，努力从“卡奴”修炼到“卡神”，这中间有很长的路要走，但并非不可能。

## 瞄准利息，让财富“滚”起来

立业箴言

储蓄是理财的基本功。不要瞧不起那点看起来少得可怜的利息，只要操作得当，也能让你的财富“滚起来”。关键是，你从中可以学到很多理财的知识与经验。

在我们的传统观念里，理财都是富人的事，穷人根本没有“财”，又拿什么去理呢？所以，很多人会以“我也很想理财，但是我没钱”来当做自我安慰的托词。其实，这是典型的穷人思维，越没钱越不理财，而越不理财就越没钱。其实，理财是慢慢来的，不能操之过急，也并非一开始就要投入大笔资金，你可以从存钱这门“基本功”做起。

莹莹和小文是好友，两人的薪水差不多。但小文每个月开销不大，薪水总是在银行定存，她相信“聚沙成塔”，储蓄能帮助自己将小钱累积成大的财富。莹莹则认为银行利息很低，自己挣得又不多，根本没有存的必要，还不如放在手边随花随拿来的方便。结果，三年下来，小文有了五万块的存款，而莹莹只有不到几千块钱。

要想存钱，就要在拿到薪水之后，先预留出大概的支出费用，然后把剩余的钱以零存整取的方式存入银行。零存整取是每月固定存额，一般五元起存，存期分一年、三年、五年，存款金额由储户自定，每月存入一次，到期支取本息，其利息计算方法与整存整取定期储蓄存款计息方法一致。中途如有漏存，应在次月补齐，未补存者，到期支取时按实存金额和实际存期，以支取日人民银行公告的活期利率计算利息。零存整取的利息比活期要高得多。将一笔钱定存一段时间后，再连本带利一起领回是整存整取。与零存整取一样，整存整取也是一种利率较高的储蓄方式。切忌不要像盈盈那样把钱放在手边，随时取用，这样你会在不知不觉中花掉所有的钱，一点也存不下来。

不过，还是有很多人有着和盈盈一样的想法，认为银行的利率很低，存钱也没多少收益，其实不然。在财富积累的过程中，储蓄的利率高低非常重要。不要小看这些利息，长期坚持下来也会令你有一笔可观的收入。

1. 少用活期存款储蓄

日常生活费用，需随存随取的，可选择活期储蓄。活期储蓄犹如你的钱包，可应付日常生活零星开支，适应性强，但利息很低，所以应尽量减少活期存款。由于活期存款利率低，如果活期账户上有较为大笔的存款，应及时转为定期存款。

2. 试试约定转存

约定转存是指客户与银行事先约定好备用金额，当账户里金额超过指定金额时，银行系统自动根据客户的指令，将资金由活期转为不同期限的定期存款，通过这样来提高利息收益，年综合收益率为1.75%左右。这种业务最大的好处是，在不影响客户使用资金的前提下，让效益最大化，如果账户里的备用金额减少了，约定转存的资金会根据“后进先出”的原则自动填补过来。它不但不会影响你的正常生活，还能在不知不觉中为你带来收益。

3. 定期储蓄获利较高

定期储蓄一般是50元起存，存期分为三个月、半年、一年、两年、三年和五年六个档次。本金一次存入，银行发给存单，凭存单支取利息。在开户或到期之前可向银行申请办理自动转存或约定转存业务。存单未到期提前支取的，按活期存款计息。

定期存款适用于较长时间不需动用的款项。在高利率时期，存期要就“中”，即将五年期的存款分解为一年期和两年期，然后滚动轮番存储，如此则可以利生利，收益效果最好。在低利率时期，存期要就“长”，能存五年的就不要分段存取，因为低利率情况下的储蓄收益特征是“存期越长、利率越高、收益越多。”

3. 试试“利滚利”

所谓利滚利存储法，又称驴打滚存储法，即存本取息储蓄和零存整取储蓄有机结合的一种储蓄方法。此种储蓄方法，只要长期坚持，便会带来丰厚的回报。假如你现在有五万元，你可以先考虑把它存成存本取息储蓄，在一个月后，取出存本取息储蓄第一个月的利息，再用这第一个月的利息开设一个零存整取储蓄户，以后每月把利息取出来后，存入零存整取储蓄户。这样不仅存本取息储蓄得到了利息，而且其利息在参加零存整取储蓄后又获得了利息。 储蓄理财看似没有太多“油水”，但这种理财方式门槛低、操作简单且几乎没有风险，非常适合手中没有太多资金的年轻人。所以，你不妨从储蓄做起开始练习理财，虽然利息看起来很低，但只要操作得当，也会让你的财富“滚”起来。

## 留下翻身的本钱

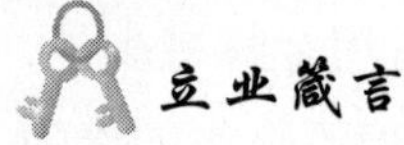


做任何事都要记得给自己留后路，投资也是一样。股神巴菲特曾经说过：“投资原则一：绝对不能把本钱丢了；投资原则二：一定要坚守投资原则一。”

无论投资还是立业，你都要牢记一条原则：不要“倾巢而出”，起码留下部分资金作后备，万一失败，也有东山再起的希望。否则，本钱都赔掉了，拿什么去翻身？所以，无论何时都不可孤注一掷，要留有余地，给自己留下翻身的本钱。

不管你是拥有万贯家财，生活无忧的富二代；还是凭借自己的努力已经取得成就，叱咤风云的曾经的穷二代，都要记住一句话：天有不测风云。没有人知道明天会发生什么。世态瞬息万变，许多事情都难以预料，即使你再有本事、实力再强，也会有遭遇失败的可能，成功的立业者必须具备两方面的素质：要敢于冒险，更要记得为自己留“后路”。

2003年年底，正值新东方成立十周年的时候，俞敏洪下决心投资三亿元人民币购买一座集教学与办公为一体的现代化办公楼。他认为购买后不仅房产的产权归新东方所有，而且还能以此为优质资产做抵押，到银行获得巨额贷款，可以投入新东方期待已久的基础教育领域。经过反复权衡，他最终选择了中关村金融中心。

但是事与愿违。2004年1月，新东方与对方签约、支付了首期款1.1亿元，到5月16日，俞敏洪发现原本买楼时最看重的人文景观“鸡鸭佟”的位置被八个庞大的制冷塔占据，制冷塔运行时发出的巨大噪音，将会严重干扰新东方正常的办公和教学。因与开发商的谈判不欢而散，于是双方对簿公堂。

按照一审六个月、二审三个月的诉讼周期，新东方迁入新总部的日期变成了一个未知数，而且支付的1亿元资金也有被套牢的风险，于是有人担心新东方是否会陷入资金链断裂的危险境地。对此俞敏洪出面解答了公众的疑惑，他说，这件事对新东方的现金流有一定的压力，但还没有超过新东方现金流的警戒线，新东方已经形成了自己的投资原则，其中有一条就是“30%原则”——新东方付出去的钱不能超过储存现金的30%。

“30%原则”是大多数国际公司所实施的财务安全原则，这一做法是新东方经过咨询许多财务顾问公司和专家才最终确定下来的。俞敏洪进一步解释新东方的财务原则：尽管新东方的商业模式非常好——先进钱后花钱，基本没有应收账款，但是新东方从不把应收账款都当成公司的现金流，所以也应该恪守这个原则。

在中关村金融中心的项目上，虽然与开发商的纠纷出现了意外，但是因为新东方在此之前早有准备，即便购买失败，或者第一期款项暂时无法收回，新东方的正常运作都不会受到太大的影响。

事情终有结果。2004年10月，新东方的官司有了转机，双方达成和解，签订谅解合同，开发商承诺将制冷塔移走，新东方于10月8日撤诉。2005年11月16日，新东方正式入驻金融中心B座，开始新的征程。

事实上，在与开发商产生官司纠纷的时候，俞敏洪已经开始着手寻找新的融资渠道了。2004年12月，新东方引入老虎环球基金，募集了2250万美元。不久，该基金又向新东方注资1857.42万美元，至新东方搬入新总部，依靠这笔资金，俞敏洪很快还掉贷款，并加速了他在基础教育领域拓展的步伐。

每个立业者都应该明白：任何一个经济组织的生存和发展都需要一条健康、有效的资金链来维系和支撑。如果资金链断裂，事业发展将举步维艰，面临重大的险境。但是，事业的发展不可能一帆风顺，这就要求我们与其在险情发生时手足无措，不如事前就给自己留有余地——投资的钱与总资产成一定比例。一方面，万一出事，还有东山再起的希望；另一方面，如果险情真的到来，自己也可以从容应对。

所以，无论做什么，事前都要仔细思考一下，最坏的结果可能是什么，如果出现最坏的结果，自己是否有足够的资金周转。正所谓“人无远虑，必有近忧”，说的就是这个道理。

成功一定有方法，立业一定有路子

# 找到自己真心热爱的事业

成就一番伟业的唯一途径就是热爱自己的事业。如果你还没能找到让自己热爱的事业，继续寻找，不要放弃。跟随自己的心，总有一天会找到的。

毕业之后，你应该选择一份什么样的事业作为自己立业的开始？又是什么样的事业可以让你一直兴致盎然、全力以赴、愿意为其奋斗终生，从而取得令人羡慕的成绩呢？答案只有一个，那就是你真心热爱这项事业。“兴趣是最好的老师”，只有真心热爱自己所做的事业，你才不会倦怠，在享受工作的过程中也会让你找到自己存在的价值，发挥出自己的优势；因为热爱，即使别人看来很枯燥的事情你也会做的充满乐趣；因为热爱，你才会保持长久的奋斗精神，将自身的潜力完全发挥出来，这更容易取得成功。所以，怀有立业梦想的年轻人首先应该找到自己真心热爱的事业，这是很重要的一步。

安德烈先生出生在一个中产阶级家庭，从小就没有生活上的压力，成年之前他一直居住在纽约市的一个漂亮的高档小区里。大学毕业后，安德烈先生有了属于自己的公司，公司每年可以给他带来超过500万美元的收入，除去这些，他手中还有一些不断升值的不动产以及股票、基金等不断地为他带来收益。可以说，安德烈先生的财产足够一家人无忧无虑的生活一辈子，他完全可以过退休的日子了，四处游玩，悠闲自在，但实际的情况是：安德烈先生每个工作日都要在五点三十分准时起床，经过半个小时的晨练后，用十分钟的时间吃早餐，然后开车到公司，七点钟，他已经精神抖擞地坐在办公室开始工作了。

很多人不明白他已经非常富有，为什么还要如此辛苦，对此，安德烈先生解释说:“我没有经济上的担忧……我一心只想着去工作……我要去实现我的生意目标，这非常重要。而且，我每天都很想去公司，我想做这个，又想做那个。我就是凭着这个动力去工作，我只是想把工作做好。”

安德烈先生长期不停地工作，每天早早起床，其背后的动力与大多数经济成功者的动力是一样的——他们越成功，拥有的财富越多，他们就越有可能说:“我的成功直接源于我对自己的事业或生意的热爱。”

从安德烈先生的身上，我们可以看到“热爱”的力量，当你做着自己热爱的事业，你才不会厌倦，也不会感觉枯燥无聊，更不会因为取得一点成就就停止奋斗，止步不前。

美国石油大王洛克菲勒的第一份工作是簿记员，虽然很辛苦，工作环境也很艰苦，但洛克菲勒从未感觉到枯燥乏味，反而非常热爱这份工作，结果是雇主总在为他加薪。在给儿子的信中，洛克菲勒这样说:“如果你视工作为一种乐趣，人生就是天堂；如果你视工作为一种义务，人生就是地狱。”

你越热爱自己所从事的事业，你成功的机会就越大。

然而，对一桩事业，往往并非第一眼就会爱上。研究显示，在开始就由于热爱而选择了自己事业的人只有55%，但超过80%的人认为对事业的热爱是其成功的重要因素。拥有自己的事业并无法保证你能成功。但是，找到自己热爱的事业却能增加成功的可能性。

每个人都应该找到一项自己终身从事的事业，它能带给我们其他任何工作都无法比拟的快乐、成功，甚至财富。它应该具备这样的特征：它是一项能够让我们保持激情的工作，只要一想到它，我们就会热血沸腾，心潮澎湃；它是一项我们注定会去做的事情，而且，它不仅对自己有利，多半也对他人有益。只要找到这样的事业，你就能带着乐趣、全身心地投入进去，这样做的结果就是：金钱会自然而然地流进你的口袋，成功也是水到渠成的事情。

因为热爱，才会不遗余力地为之奋斗。因此，在你踏上立业之路前，必须找到自己真心热爱的事业。

# 学习成功人士的成功方法

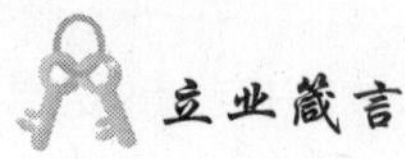

立业箴言

立业并非在一开始就要开办自己的公司，先选择一家公司工作，在工作的过程中学习他们如何运营做事，这会降低你日后创业失败的几率。

每个处于立业之初的年轻人渴求成功的愿望都是非常迫切的，他们认为有热情和决心就没有办不成的事。但事实证明，仅有决心和热情是不够的。这是一个讲究时间和效益的时代，尽管他们年轻，拥有大量的时间，但也不能花十年、二十年，甚至穷尽一生的精力去慢慢摸索成功之道，那毕竟不是最好的方法。成功虽然没有捷径，但是有方法。年轻人可以通过学习别人已经证明的有效经验、成功模式和科学方法，来少走弯路，缩短奋斗的时间。

王凯的家境不错，爸爸是大学老师，妈妈是银行工作人员，爸妈对他的希望是将来能有一份稳定的工作，但王凯认为自己正年轻，应该多闯荡闯荡，因此，大学毕业后提出了自己创业的想法。最初，爸妈对他的想法极力反对，后来经过王凯与他们耐心的沟通，大家想出了一个比较折中的办法：王凯有个表舅是很成功的企业家，王凯先到表舅的公司打工，一方面积累创业资金，一方面学习表舅做生意的经验。

在表舅的公司，王凯从最基层的业务员做起，一直做到了总经理助理，用了五年的时间。在这五年的时间里，王凯学到了很多，从销售到管理，都颇有心得。离开公司不久，他就用自己这几年攒的30万元钱加上一部分贷款注册了一家公司。如今，王凯的公司经营的红红火火。

谈到自己这几年的经历，王凯说："我很庆幸当时听了爸妈的建议，去表舅的公司工作了这些年，而不是一出校门就开始创业。在这几年里，我学到了不少表舅的成功经验与方法，这对于我以后的人生来说是千金难买的，也让我在创业路上少走不少弯路。当然，可能很多人并没有我这样的便利条件，身边就有一个成功者可以学习。但是我想对所有想要创业的年轻人说："盲目冲动的创业，百分之百会失败。如果你想增加自己成功的几率，就要多多向成功人士学习，看他们是怎么做的，这不失为一条捷径。"

由此可见，已经被证明了的成功方法是很有效的。那么，有人可能会问，已经证明有效的成功方法在哪里呢？当然在成功人士那里。向成功的人学习成功的方法，可以说是追求成功的捷径。因为向成功的人学习成功的方法，可以肯定这个方法是经过实践检验的，行得通、可操作；另外，向成功的人学习成功的方法，必然要直接或间接与成功者为伍，受他们的世界观、思维方法的影响而积极上进。

有些人之所以失败，有可能是因为他身边的亲友、伙伴、同事、熟人都是些失败和消极的人。正所谓"近朱者赤，近墨者黑"，没有正确的方法指导，没有积极的思想引导，走向失败是在所难免的。如果一个人的身边都是成功的和积极的人，在这些人的影响下，他不仅能成功，还能早日成功。在向成功人士学习的时候，我们会受他们身上散发出的闪光点的影响，迅速提升自我，在他们成功方法的指导下，提高我们成功做事的效率，从而在成功的道路上迅速前进。

榜样的力量是无穷的，成功者就是我们在立业路上的榜样。当然这不是要完全照搬他们的路子和模式，而应该学习和借鉴他们的成功经验和思维模式，然后再结合自己的实际情况，创造出适合自己的成功理论和方法。

## 发掘第一桶金，开始立业之路

财富就像滚雪球，一旦赚得第一桶金，第二桶、第三桶……就会源源不断地来了，因为你已经找到了赚钱的方法。

第一桶金是一个人迈向辉煌人生的奠基石，只有先掘得人生的第一桶金，才能施展更大的抱负，走向更大的成功。那些有背景、有资金、有富爸爸的富二代自然能够轻松解决“第一桶金”的问题，这样的立业者是幸运的。而多数胸怀壮志、身无分文的穷二代，只能凭着知识、智慧、毅力和信心去“空手套白狼”。但是，只要有了第一桶金，第二桶、第三桶就会源源不断地来了，因为你通过自己的智慧和努力找到了赚钱的方法，你手中的金钱就有了很强的繁殖能力。

第一桶金的意义就在于：它不仅让你得到了立业所需的原始资金，更重要的是让你找到了赚钱的方法，给了你成就大业的信心。

李嘉诚17岁开始做推销员，当时，有一家贸易公司订购了一批玩具输往外国。当货物已卸船付运，可以向对方收取货款的时候，贸易公司的负责人忽然来电通知，外国买家因财政问题，无法收货，但贸易公司愿意赔偿损失。李嘉诚觉得，这批玩具很有市场，不愁顾客，损失有限，就不用赔偿了。而且他也是考虑要留下一个空间，建立互信的关系，日后才会有更多的生意机会。

后来李嘉诚开始转营塑料花，也没有再把这件事放在心上。有一天，一位美国人突然找到他，说经某贸易公司的负责人推荐，认为长江厂是全香港最大规模的塑料花厂，这令他一时语塞，因为当时他的厂房并不太大。后来他才知道，从前那间贸易公司的负责人认识这位美国人，并告诉他李嘉诚是完全值得信任的生意伙伴，还说了不少好话。

这位外商希望大量订货，但是为确证李嘉诚有供货能力，外商提出需有富裕的厂家担保。李嘉诚白手起家，没有背景，他跑了几天，磨破了嘴皮子，也没人愿意为他担保，无奈之下，李嘉诚只得对外商如实相告。

李嘉诚的诚实感动了对方，外商对他说："从你的坦白之言中可以看出，你是一位诚实君子。诚信乃做人之道，亦是经营之本，不必其他厂商作保了，现在我们就签合约吧。"没想到李嘉诚却拒绝了对方的好意，他对外商说："先生，能受到如此信任，我不胜荣幸！可是，因为资金有限得很，一时无法完成您这么多的订货。所以，我还是很遗憾不能与你签约。"

李嘉诚这番实话实说使外商内心大受震动，他没想到，在"无商不奸，无奸不商"的说法为人们广泛接受的同时，竟然还有这样一位"出淤泥而不染"的诚实商人，于是，外商决定，即使冒再大的风险，他也要与这位具有罕见诚实品德的人合作一回。李嘉诚值得他破一次例，他对李嘉诚说："你是一位令人尊敬的可信赖之人。为此，我预付货款，以便为你扩大生产提供资金。"

这位美国人最后给出了六个月的订单，更成为长江塑胶厂的永久客户。他们所需的塑料花逐渐全部由长江厂供应，这使得李嘉诚的塑料业务发展一日千里。正是因为李嘉诚的诚信之举，才使得他掘到了平生的第一桶金。

赚取你的第一桶金很重要，它能为你以后事业的发展打下坚实的基础。

立业是一个长期的艰苦的过程，不可能在很短的时间内就创造一个亿万富翁。但是，发掘"第一桶金"越是艰难，之后立业的过程就越容易。对白手起家的创业者来讲，第一桶金也许要五年，第二桶金也许只要三年，第三桶金也许只要一年，甚至更短。因为你已经有了丰富的经验和可启动的资金，就像汽车已经跑起来，速度已经加上来，只需轻轻踩下油门，车就可以高速如飞一般。

# 只要善于发现，哪里都是机会

立业箴言

机会是一个美丽而性情古怪的天使，她偶尔降临在你身边，如果你不善发现，她又将翩然而去。不管你怎样扼腕叹息，她却从此杳无音讯，不再复返了。

很多穷人总是喜欢把失败的原因归结为没有合适的机会，其实这不过是为自己开脱的借口。世界上从来都不缺少机会，只是你没有练就一双善于发现的眼睛。很多人白手起家也能够成就大业，这与他们善于发现机会、抓住机会是分不开的。

有篇短文《拐弯处的发现》，讲了这样一个真实的故事：

有位年轻人因躲债而流浪他乡。一天，他乘火车去某地。火车行驶在一片荒无人烟的山野之中，人们一个个百无聊赖地望着窗外，他也在沉思。

前面有一个拐弯处，火车减速慢慢地蠕动。这时，一座简陋的平房缓缓地进入他的视野。也就在这时，几乎所有乘客都睁大眼睛“欣赏”起寂寞旅途中这特别的风景。有的乘客开始议论起这座房子，有几个学生模样的人还说这房子简直就是“新大陆”。

年轻人的心为之一动，智慧的火花立即在脑海中燃烧了起来。

返回时，他特意在火车经过的那个小镇下了车，不辞劳苦地找到了那座“新大陆”一样的房子。他打听到，原来修建京九铁路时，坐落在铁路边仅有的几家房屋都拆迁了，只有这户因不符合拆迁条件而幸存了下来。找到房子的主人，主人告诉他，每天，火车都要从门前“隆隆”驶过，噪音实在使他们受不了，房主很想以低价卖掉房屋，但多年来一直没有人问津。

不久，年轻人用三万元买下了那座平房，他的家人和朋友对他的又一次举债十分不解。他却告诉亲友，这座房子正好处在转弯处，火车经过这里时都会减速，疲惫的乘客一看到这座房子，精神就会为之一振，用来做广告是再好不过的了。

很快，他开始和一些大公司联系，推荐房屋正面是一面极好的“广告墙”。

后来，可口可乐公司看中了这个广告媒体，在三年租期内，支付年轻人了18万元租金……

这是一个绝对真实的故事。

短文的最后说：在这个世界上，发现就是成功之门。的确，在漫长的人生旅途中，无论出身贫寒还是显贵，每个人都会遇到成功的机会，只不过有的人善于发现，有的人却和机会擦肩而过。

“发现”是我们生活中不可缺少的一部分。美国人有一句俗谚：“通往失败的路上，处处是错失了的机会。坐待幸运从前门进来的人，往往忽略了从后窗进入的机会。”每一个奋斗中的年轻朋友都应该培养自己发现机遇的敏锐目光，只有这样，才不会错失成功的机会。

《读者》是大家非常喜爱的杂志，关于这个名字的由来，还有一个鲜为人知的故事。

一天，林肯在街上看到了新到的《智慧》杂志，就随手买了一本。回家翻看时，发现中间有几页没有裁开，就拿来小刀裁开了这几个连页。裁开后又发现连页中的一段内容被纸糊住了，于是继续用小刀慢慢把纸刮开，谁知刮开后看到了这样一句话：“恭贺您！您用您的好奇心和接受新事物的能力获得了本刊一万美元的奖金，请将杂志退还本刊，我们负责调换并给您寄去奖金。”

林肯非常欣赏编辑部这种启发读者智慧和好奇心的做法，便提笔写了一封信。不久，他接到了新的杂志和编辑部的回信：“总统先生，在我们这次故意印错的300本杂志中，只有八个人从中获得了奖金，绝大多数的人都采取了寄回杂志社重新调换刊物的做法。看来您是真正的智者。根据您来信的建议，我们决定将杂志改名。”就这样，风靡世界的《读者》杂志诞生了。

绝大多数人都没有揭开连在一起的几页纸和那段被糊住的文字，于是错失了一笔财富。事实上，机遇对每个人都是平等的，只是很多人没有历练出发现机遇的眼光。

《圣经》上说，有三样东西你是追不回来的：一是说出的话；二是射出的箭；三是失去的机遇。机会对于任何人都是平等的，关键就在于你能否发现。要做一个成功的立业者，就要善于发现机会，并在机会来临时毫不犹豫地抓住。

## 与众不同，才能成功

### 立业箴言

跟在别人后面跑，就只能吃别人的剩饭；要想胜人一筹，就要另辟蹊径。从某种意义上说，与众不同就代表着财富与成功。

美国石油大亨洛克菲勒曾说：“如果你要成功，你应该朝新的道路前进，不要跟随被踩烂了的成功之路。”跟在别人的后面跑，就只能吃别人的剩饭；要想胜人一筹，就要另辟蹊径。与众不同是成功者所特有的思维模式。下面的故事中，罗伯特本是个穷人家的孩子，但他靠着自己与众不同的创意，成为了全世界最有钱的年轻人之一。

罗伯特在读大学三年级时就退学了，然后在家乡销售自己制作的“软雕”玩具娃娃，同时在附近的一家礼品店上班。命运的转机出现在一个乡村集市的工艺品展销会上。罗伯特在展销会上摆了一个摊位，将他的玩具娃娃排好，一边不断地调换拿在手中的小娃娃，一边向路人介绍：“她是个急性子的姑娘，她不喜欢吃红豆饼。”他把娃娃拟人化，不知不觉中做成了一笔又一笔的生意。

没想到，后来有一些买主给罗伯特写来信件，诉说他们的“孩子”也是那些娃娃买回去之后的问题。看到这些信件，一个想法在罗伯特脑海中形成了：何不把这些玩具当成自己的孩子，赋予他们性格和灵魂呢？想到就开始做，罗伯特开始给每个娃娃取名字，还写了出生证书并坚持要求“未来的养父母们”都要做一个收养宣誓，誓词是：“我某某人郑重宣誓，将做一个最通情达理的父母，供给孩子所需的一切，用心管理，以我绝大部分的感情来爱护和养育他，培养教育他成长，我将成为这位娃娃唯一的养父母。”这样，这些玩具娃娃就不仅仅是玩具，而是凝聚了人的感情。

如此与众不同的特质使这些玩具娃娃吸引了大批顾客，销售额一下激增到30亿美元，罗伯特就是这样靠着自己的创意和构想获得了成功。

只有与众不同才能使你在芸芸众生中脱颖而出，成就自己的事业。从某种意义上说，与众不同就代表着财富与成功。这是每个年轻的立业者都应该明白的道理。

但并非所有与众不同的想法或者做法都一定会为你带来好处，尤其是刚刚踏上立业之路的穷二代或者富二代，如果你的与众不同只是故作姿态的特立独行或者毫不成熟的标新立异，那你就会为自己的错误付出高昂的代价。与众不同不仅仅是与他人不一样的想法或做法，那其中必须要有智慧的闪现。

减肥是一个历久常新的话题，也是很多年轻人感兴趣的话题。减肥的方法五花八门、奇招辈出，下面就是一个关于减肥的故事，其中的减肥方法可谓独辟蹊径、创意十足。

有家减肥中心，生意非常火爆。有个胖男人减肥多次，均告失败，于是抱着试试看的态度来到这家减肥中心，寻求减肥方法。奇怪的是，教练只是记下了他的地址，然后告诉他：“回家等着吧，明天自会有人告诉应该怎样做。”

胖男人很疑惑地回家了。第二天一早，一个性感漂亮的年轻女人敲开了他的门，告诉他：“教练说了，只要你能追上我，我就是你的。胖子信以为真，非常高兴，从那以后每天早上都在女人后边狂追。”

就这样坚持了几个月，胖子逐渐瘦了下来，他早就忘了这是减肥，只是一门心思想着要把那姑娘追到手。直到有一天，胖子心想：今天我一定能追到她了。

于是他早早起来在门口等着，但等来的却不是那位姑娘，而是一位同他以前一样胖的女士。

胖女士对他说了相似的一句话："教练说了，只要能追到你，你就是我的。"

看完这个故事，相信很多人都会敬佩那位聪明的教练，正是他与众不同的方法才让慕名而来的人收到了减肥的奇效。

其实，很多成功的立业者并非学识渊博、智力超群的人，他们最大的本事只是同故事中的教练一样，拥有与众不同的思考方式，绝不循规蹈矩，他们更善于从一件普通的事情中发现独特的、能够更快更多地获取财富的因素，仅凭这一点，他们就比别人更容易成功。

跟在别人后面跑，可能会少一些风险，但那样你只能捡别人剩下的东西。要想走在别人前面，就要拥有迥异于他人的智慧和思想，善于独辟蹊径才能胜人一筹。因此，成功有时候与贫穷或者富有无关，只要你有与众不同的思维，你就有了成功的筹码。

## 立业不仅靠坚持，还要靠变通

当大家在按同一固定模式行事时，你不妨按另一种不同的模式去做，也就是变通一下，这样更可能取得成功。

有这样一种现象：如果把一只蝴蝶困在一个房间里，它会拼命地飞向玻璃窗，但每次都碰到玻璃上，在上面挣扎好久。恢复神志后，它会在房间里绕上一圈，然后仍然朝玻璃窗飞去，当然，它还是"碰壁而回"。

其实，旁边的门是开着的，只因那边看起来没有这边亮，所以蝴蝶根本就不会朝门那儿飞。追求光明是多数生物的天性，它们对于光明的执著甚至可以说是偏执，为了光明它们常常不惜以生命为代价，人也同样如此。但是从碰壁而回的蝴蝶身上，我们可以得到这样的启示：有时，为了达到目的，绕道而行反而会更快地使我们如愿以偿；相反，无谓的执著则会让我们永远在尝试与失败之间兜圈子。

有很多年轻人，他们并非不努力也并非不勤奋，但就是与成功无缘，其中一个很大的原因，就是他们只懂执著却不懂变通，撞得头破血流却不懂转身。其实，必要的时候学会绕道而行，迂回前进才是人生的大智慧。当你用一种方法思考一个问题或做一件事情，遇到思路被堵塞之时，不妨另用他法，换个角度去思考，换种方法去做，也许你就会茅塞顿开、豁然开朗，有种“山重水复疑无路，柳暗花明又一村”的感觉。

在太平洋上有一座风景优美的小岛，蔚蓝的天空、温暖的阳光、洁白的沙滩、清澈的海水……唯一的缺点是：这里土壤松软，连帐篷都支不起，更没办法建什么旅游设施，所以，这样一个旅游胜地就荒废起来。

后来，一位商人来这个小岛上考察，他觉得这样好的条件如果不开发出来供游人欣赏真是太可惜了，可是，怎么解决土壤过于松软的问题呢？他思考了很久，突然想到：既然在岛上没法建建筑物，那能不能变通一下，在海里建呢？为了论证自己的想法是否可行，他请来了相关专家，对岛边的浅水区进行勘察，结果令人惊喜：岛边的浅水区下有坚硬的珊瑚礁，完全能够支撑建筑平台。于是，这位商人在海中建立起了旅馆、商店等相关的旅游设施。此后，游人蜂拥而至，商人也因此获得了大量财富。

岛上无法做建筑，那就在海里做建筑，这看起来简单，但又有几个人能想到呢？那位善于变通的商人却想到了，所以，他做到了别人做不到的事，得到了别人得不到的财富。

有个人的房子建在热闹的街角，仅靠街角的地方是一块草地，他非常喜欢这块草地。但让他气愤的是，每天上学放学的时候，附近学校的学生都会抄近路从这块草地经过，没多久，草地上就被踩出了一条泥路。

为了解决这个问题，他绞尽脑汁，想尽了各种办法。开始，他在草地旁边竖了一块“禁止通行”的牌子，但孩子们根本就视而不见；后来他养了一条狗看护草地，可孩子们喂零食给狗吃，甚至与它成了朋友；他还尝试过重新播草籽、铺草地、竖篱笆……但是问题始终没有解决。最后，筋疲力尽的他决定卖掉这座房子。

不过，事情并没有这样结束。某天，正当他站在草地上考虑卖房子的时候，房子外墙上的砖头给了他灵感。既然无法阻止，何不在那条踩出来的泥路上铺上砖头，把它变成了一条永久的路呢？他真的这样做了，从此这条小道成为了学生们“合法”的捷径。他也终于卸下了积压多年的包袱，甚至会因为孩子们来享用这条小路而感到快乐。

不过是简单的变通，故事中的主人公不仅成全了孩子，自己也享受到了快乐，这就是变通的魔力。

此路不通，那就另辟蹊径。善于变通的人能够以敏锐的思维找到问题的症结所在，寻找更好的方法来获得最佳结果。所以，在追求目标的过程中，懂得变通的人通常会比因循守旧的人更能找到做事的捷径，以较少的代价获得更大的成功。

我们经常强调目标的重要性，当然，一个人要想立业，首先必须有目标，这是成功的起点。没有目标，就没有动力，但这个目标必须是合理的，是一个可以实现的目标，这样才能保证你奋斗的方向是正确的、可行的，你才能最终达到目标。如果开始的方向就错了，就好比南辕北辙，你越努力就会在错误的道路上走得越远，这样即使你再有本事，付出千百倍的努力，也不会获得成功。

所以，当遇到走不通的路时，你就要换个角度考虑问题，敢于放弃，重新去把握机会。在人生的每一个关键时刻，要审慎地运用智慧，做出最正确的判断，选择正确的方向，同时别忘了及时检视选择的角度，适时调整。

在立业之路上，条条大道通罗马，百折不回的精神虽然可嘉，但如果困难是一座无法移动的大山，即使你百般努力也成功无期。那就不要盲目地坚持到底，最好是变通方向，让思路转个弯，绕道而行，这往往会给你带来新的契机。

## 成功的诀窍就是经营自己的长处

**立业箴言**

人一定要做自己最擅长的事情。只要掌握了自身的优势，并加倍强化这种优势，完全投入到自己所擅长的事情之中，你才能更快地取得成绩。

所谓长处就是一个人最擅长的事情，它可以是一种手艺、一种技能、一门学问、一种特殊的能力或者只是直觉。每个人都有自己的长处，这与出身无关，无论穷二代还是富二代都有自己的独特之处。发现并经营自己的长处，就会为人生增值；如果和自己的短处较劲，只会让你的人生贬值。成功者的普遍特征之一就是：由于在某方面具有突出的能力，从而在一定范围内成为不可缺少的人物。

大仲马年轻时非常穷困，甚至不得以流浪到巴黎去找父亲的一位挚友，求他帮自己找一份能够维持温饱的工作。

但是当时的大仲马并无一技之长，他不精通数学、法律，更不精通历史、地理，父亲的朋友很为难，只好让他写下自己的住址，待找到合适的工作后再通知他。

大仲马很惭愧地写下了自己的地址，转身要走时却被父亲的朋友拉住，他称赞大仲马的字写得很漂亮，并认为这是一个不可多得的优点，而且鼓励大仲马："能把字写好，就能把文章写好。"

本来对自己毫无信心的大仲马因为父亲朋友的这句话重新燃起了奋斗的勇气。自那以后，大仲马专注经营并不断放大自己的长处，走上了文学创作之路，终于写出了享誉世界文坛的经典作品。这些作品不仅让大仲马成为19世纪上半期法国浪漫主义文学的代表大师，也为大仲马带来了巨额财财富。

“尺有所短，寸有所长”，这世界上没有任何一个人是一无是处的，只要善于发现，总能找到自己最熟悉最擅长的事情，这就是自己的长处。事实证明，能够发挥自己长处的事业是最容易取得成功的事业。因为长处最容易表现一个人在某种行业的能力和才华，当你选择了能够发挥自己长处的事业和工作时，就意味着你已经在立业路上步入了成功的开端。

从事传媒行业的人对普利策都不会陌生，他21岁开始新闻工作，创办过《快邮报》等多家名牌大报，其中，《快邮报》是20世纪80年代美国报界利润最高的报纸之一。为了纪念他对全世界报业的杰出贡献，故设立了“普利策新闻奖”，来奖励那些有突出贡献的传媒工作人员。

但是，谁能想到这样一位报业的杰出人物，在21岁前还是个到处找粗活干、勉强维持温饱的退伍兵。有一次，普利策和另外几个人被以招聘推销员为由骗到一个离城市30英里的孤岛上，骗子们拿着中介费逃跑了，上当受骗的普利策一气之下，写了一篇揭露这个骗局的报道，没想到竟被《西方邮报》刊登了。普利策这才发现自己更适合做新闻工作。不久，他应聘到一家报社管文件，接着做了一名记者。此后，普利策结束了颠沛流离的生活，开始凭借自己在新闻方面的优长，走出一条属于自己的成功路。

台湾圣国企管顾问股份有限公司总经理、国际成功学讲师余正昭在介绍成功之道时说：“成功最重要的一点是：找到你的方向。大凡成功者，他们成功的关键都是掌握了自身的优势，并加倍强化这种优势，完全投入到自己所喜欢的项目之中，将这种富有特长的兴趣爱好发挥到极致。”

但对于很多出身贫寒的年轻人来说，发现自己的长处容易，经营长处却非常困难。他们首先要解决的是生存问题。为了生存，很多人不得不放弃自己的兴趣爱好，用简单的体力和智能去换取生活的必需品。扁担底下压死秀才的事例数不胜数，而真正的强者，总能在仓皇困顿中顽强地审视自己，找准自己的长处和奋斗目标，义无反顾地走向成功。

经营好自己的强项，要有勇气和自信。比尔·盖茨为了圆创业梦，敢于放弃哈佛大学的学业。照常人的目光来看，这实在是很不明智的。但如果他没有最初的勇气和自信，今天的世界首富，可能就是别人了。

富兰克林曾说："宝贝放错了地方就成了废物。"很多人在工作中总是感觉厌倦、懈怠、无聊，根本原因就是他所做的并非他所擅长和喜欢的事业，也就是说他并没有发现自己的长处，更谈不上发挥自己的长处。这种不明智的选择不仅不能让你成功，还可能让你在失意的深渊中永久地沉沦。因此，经营自己的长处非常重要，这是使你的人生增值的一大法宝。

## 用心如一，专注成就大业

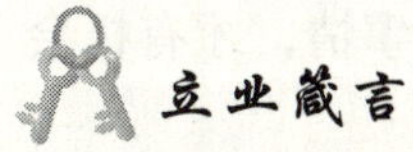

**立业箴言**

**专注成就理想。在立业这条路上，那些拥有高智商、绝顶聪明的人不一定会成功，而有毅力、够专注的人却经常会做出成绩。**

有道是："十年磨一剑"，欲成就大业的人，往往会专注于所从事的事业，远离那些使自己分散注意力的事情，只有这样才能保证工作效率最大化，专心致志地去做好自己要做的事。

腾讯公司CEO马化腾说过"专注成就理想"，只有我们将全部精力倾注到一件事上，才能做得比别人更专业，才能拥有别人无法望其项背的竞争优势。所以，在立业这条路上，那些拥有高智商、绝顶聪明的人不一定会成功，而有毅力，够专注的人却经常会做出成绩。因为用心如一，做事专注的人对于自己所钟爱的事业总是孜孜以求，不管出现什么情况，总是能够充满信心，勇往直前，从不放弃。对这种人来说，事业成功往往更容易实现。

有两个人是好朋友，他们有一个共同的爱好：钓鱼。每当闲暇的时候，他们就会相约来到河边钓鱼。但通常的情况是：其中一个人收获颇丰，篓里都是活蹦乱跳的鱼，另外一个却毫无收获。

第一次出现这种情况可以归结为运气，第二次出现这种情况可以说是偶然，但每次都是这样，总是钓不到鱼的那个人就很纳闷："为什么你总是能钓到很多鱼，而我却不行，是不是你的位置比我的好，咱们换换怎么样？"另一个人没说什么，只是笑着点了点头。

两个人换了位置又试了几次，结果还是一样。钓不到鱼的那个人更是奇怪，问朋友："你是不是有什么钓鱼的窍门，能不能传授一二？"朋友淡淡地说："我并没有什么窍门，只不过我钓鱼的时候只想着钓鱼这件事，根本不去想能钓到多少鱼。而你钓鱼的时候却总是想着怎样才能钓到更多的鱼，一旦钓不上来就心浮气躁，这种情绪会影响你的手与眼，鱼感觉到你这种情绪就全都吓跑了。欲速则不达，就是这个道理。"

钓鱼与做其他事其实是一样的，心态不一样，结果就会有天壤之别。一个人只有沉住气，专注于自己的目标，努力接近自己内心早就想好的事情，才有机会获得成功。

一个成功的经营者曾经说："如果你能专注地制作好一枚针，应该比你制造出粗陋的蒸汽机赚到的钱更多。"对一个领域百分之百地精通，要比对100个领域各精通百分之一强得多。面对外界的干扰，你的专注程度决定了你成功的几率。专注程度越高，成功的几率就越大。

说到汇源果汁，大家都不会陌生，这是当今中国果汁饮料第一品牌，汇源之所以能做到今天的成绩，用董事长朱新礼的话说就是："我们专心、专注、专业、专一地做果汁，最终成为这一领域的专家。"在十几年前，中国还没有人做果汁，但是朱新礼看中了这块市场，并且一直做了下来。朱新礼表示"我们身处信息膨胀时代，人难免浮躁，大家要专心做好一件事。"，"只要是专心专注，成为行业里的专家，就是创富英雄。"阐述自己的创业理念时，朱新礼说："当兵当得好，是兵王；种菜种得好，是菜王。包括修表、修鞋、修车、端盘子都有做得最好的。

汇源会专心致志地做果汁，做这个领域内的王。市场上的诱惑和机会很多，但是如果总想着今天造汽车，明天做房地产，或者一会儿又去生产碳酸饮料，肯定无法成功。”

正是由于专注，汇源才能取得今天的成就。正所谓：不是聚焦的太阳不能燃烧。一个人也好，一家企业也好，精力总是有限的，如果把精力分散在好几件事情上，并不是一个明智的选择，而是不切实际的考虑。从古至今，凡在事业上有所成就者，无论出身穷富，必定都是心无二志、专注勤勉的人。专注是通往成功路上的敲门砖，毕业不久的立业者们，在追求成功、实现理想的道路上，必须学会舍弃一些东西，只专注一点，只有这样，才能避免无谓的精力浪费，从而更能集中才智，将一件事情做大、做精、做强。

“用心如一，专注成就大业”，此与奋斗中的穷二代、富二代们共勉。

# 穷二代起点低底子薄，立业之路要走稳妥

# 先成长，再成功

立业箴言

每个人都在成长，这是人生的必然过程。可是，我们中的大多数人往往只盯着成功，却不知享受自己不断超越阻碍奔向成功的这一过程，这实在是一种遗憾。

德国著名诗人歌德曾经说过：“每个人都想成功，但没想到成长。”成功是一个结果，成长是达到这个结果必经的过程，可是，大多数人总是为了成功处心积虑，却不知享受自己不断超越阻碍奔向成功的这一过程。殊不知，在成长的过程中，我们会收获很多宝贵的人生经验，如果细细体会，这些经验就会给我们带来莫大帮助。

穷二代的起点低底子薄，急于求成的心情可以理解，但越是如此，你越应该关注自己的成长，古人说：不积跬步，无以至千里。千里之行，始于足下。成功不是一蹴而就的事，它需要成长过程中的积累与沉淀，只有成长达到一定程度，才会发生质变。成功者总会把精力放在如何促进自己的成长上，而不是终日盘算何时成功。

宫本武藏和柳生幼寿郎是日本历史上有名的剑客，柳生是宫本的徒弟，他们的武艺都很高强。

据说，柳生当时急于成为一流的剑客，所以在他第一次去见宫本时，就问道：“师傅，根据我现在的条件，你认为我要练剑多久，才能成为一流的剑客？”

宫本回答说：“大概要十年吧！”

柳生想：十年太长了，我不想花这么长时间。于是又对师傅说：“如果我加倍努力，多少时间可成为一流剑客？”

师傅答：“那需要二十年。”

柳生很纳闷，为什么越努力用的时间却越长呢？但他还不死心，继续问师傅：“如果我晚上不睡觉，夜以继日地练剑，多久才能成为一流的剑客呢？”

这时候，宫本已经不耐烦了，回答说：“那你这辈子就不可能成为一流的剑客了！”

柳生觉得很疑惑，师傅这是什么逻辑？于是奇怪地问：“为什么我越努力，越不能成为一流的剑客呢？”

宫本告诉他：“你现在两只眼睛都盯在‘一流的剑客’这块金字招牌上，哪里有眼睛好好看自己呢？成为一流剑客的首要条件就是‘永远保留一只眼睛好好看自己’。”

柳生听罢，茅塞顿开。后来，他跟随师傅勤学苦练，终于成为唯一一名能与师傅齐名的剑客。

为什么柳生对成功越渴望，他成功所用的时间就越长呢？就是因为这种迫切的心情会使他心浮气躁，一心只想着怎样获得成功，却忽略了自身的努力与成长。而成功并非突发的或者偶然的，实际上，每一次大的成功，都是很多不被注意的、小阶段的成长积累的结果。

遗憾的是，在当今这个浮躁的社会，很多年轻人只追求成功，却忽略了成长，他们紧紧地盯着结果，却不了解为了达到这个结果应该付出怎样的努力。他们好高骛远、眼高手低，他们所向往的成功也如空中楼阁，没有坚实的基础，根本无法实现。其实，不管是穷二代还是富二代，在立业这条路上都要给自己足够的时间来成长，让成功成为成长的必然结果——这才是通往成功最正确的道路。

所谓“一分耕耘，一分收获”也是这个道理。耕耘是不断的成长，收获就是必然的结果，虽然这其中还会受到很多因素的影响，但唯有不断耕耘，才是收获的唯一途径，除此之外，别无捷径。没有人可以不经历成长而获得成功，即使拥有诸多有利条件，站在父辈肩膀上的富二代也是如此。如果没有个人的成长，生命就犹如拔苗助长，最后只有枯萎而死。

俞敏洪说：“成长，意味着一个人的思想更加丰富，心灵更加充实，能力不断增加，经验日益丰富，意志更加坚强，个性更加圆润。而停止成长，则意味着一个人停止了对思想和精神境界的追求，就像一棵树的树枝不再伸向天空，没有了触摸蓝天的渴望，就算活着，也没有了梦想和激情。”

## 不仅能吃苦，更要会吃苦

### 立业箴言

要想拥有好的生活就要付出艰苦的劳动。没有哪一种成功可以轻易得到，任何一位成功者都是从艰苦的时候走过来的，无人可以例外。

无论你的家境是贫穷还是富裕，也无论你之前是否吃过苦，一旦毕业走上立业之路，都要做好吃苦的准备。立业的过程充满了艰难险阻，如果你只是凭着一时的激情和冲动，一旦遇到困难，就会因为无法承受压力而轻易放弃。所以，吃苦是一个立业者必备的素质，华人首富李嘉诚曾经说：“男子汉第一是能吃苦，第二是会吃苦。”吃得苦中苦，方能成为人上人。现代奥林匹克之父顾拜旦说：“生活中最重要的事情不是胜利，而是斗争；不是征服，而是奋力拼搏。”走在立业之路上的穷二代们，更应如此。

曾经看过这样的故事：一个叫山姆的农村孩子，因为家里穷很久没有吃过肉，后来他问妈妈，为什么邻居总是有肉吃，而我们却没有？妈妈没有回答。在一个星期天的早上，妈妈带着山姆来到一个工地，向工头要了一份搬砖的活。妈妈告诉山姆，搬完这些砖可以挣到20美元，晚上他们就有肉吃了。于是，母子俩干了起来。妈妈每次搬五块砖，山姆每次搬两块。搬了一段时间后，山姆觉得很累，妈妈鼓励他：“已经搬了200块，可以得四美元了。搬吧，把这些砖搬完，我们可以得20美元。”山姆又支撑了一会儿，实在搬不动了。他对妈妈说这太辛苦了，妈妈让她休息一会儿再搬。就这样，山姆歇一会儿干一会儿，而妈妈一直不停他搬。到了傍晚，他们终于搬完那些砖，挣到了20美元，这时候，山姆已经累得直不起腰来了。

晚上，他们一家人终于吃上了肉，妈妈说："孩子，你明白邻居家为什么总是有肉吃了吧？这就是吃苦，吃肉就是吃苦，吃苦才能吃肉，记住了吗？"看着餐桌上香喷喷的炖肉，山姆的心灵受到了极大的震撼。从那以后，他牢牢地记住妈妈的话，"吃肉就是吃苦，吃苦才能吃肉"。

要想拥有好的生活，就要付出艰苦的劳动，每个人都应该明白这个道理。没有哪一种成功是可以轻易得到的，任何一位成功者都是从辛苦的时候走过来的，无人可以例外。

香港华人首富李嘉诚在创业之初，一切都很简陋，厂房是几间破旧的房子，人手不够，他就自己动手，从采购、设计、施工、推销等每个环节都亲力亲为，每天至少工作16个小时，几乎没有休息日。为了及时得到更多的信息，接触更广层面的人物，李嘉诚刻苦学习。为了学会英语，每天辛苦的工作之后，他晚上还要坚持自修。这个过程非常辛苦，但就是凭着这种"吃苦"的精神，到20世纪60年代初期，李嘉诚就已经是身价千万的富翁了。

曾有人问李嘉诚的成功秘诀，他并没有直接回答，而是讲了这样一个故事：

在一次演讲会上，有人问69岁的日本"推销之神"原一平推销的秘诀是什么。他当场脱掉鞋袜，将提问者请上讲台，说："请你摸摸我的脚板。"

提问者摸了摸，十分惊讶地说："您脚底的老茧好厚呀！"

原一平说："因为我走的路比别人多，跑得比别人勤。"

讲完故事后，李嘉诚微笑着说："我没有资格让你来摸我的脚板，但可以告诉你，我脚底的老茧也很厚。"

人们往往只看到了成功者站在财富之巅时的风光，却不了解他们在风光背后付出了怎样的努力。任何一种成功都不是唾手可得的，不能吃苦、不肯吃苦的人永远不会成功。

我们为什么把辛苦赚来的钱叫做“血汗钱”，就是因为这些钱是用无法计量的心血和汗水换来的。成功并非易事，需要付出很多的辛劳和汗水，越能吃苦的人越容易成功，因为他们吃苦吃惯了，便不再把吃苦当苦，就能泰然处之，遇到挫折也能积极进取。那些怕吃苦的人，不但难以养成积极进取的精神，而且会对困难、挫折采取逃避的态度，这样的人当然也就很难成功了。

走在立业之路上，一帆风顺未必是好事情，没有吃过苦的人，很容易被突如其来的困难吓倒。只有身体上不怕劳累，心理上不怕折磨，事业中不怕挫折，奋斗中不怕艰险的人，才能在最短的时间内握住成功的手。

## 像富二代那样思考

思考方式直接决定了一个人的做事方式。能否致富，关键取决于我们能否像富人那样，按照致富所具备的特定规律进行正确的思考。

有这样一句话：赚钱的不劳累，劳累的不赚钱。很多穷二代吃苦耐劳、努力工作，到头来却发现自己早就成了富二代的经营对象，自己的辛苦付出却成了富二代赚钱的工具，郁闷、恼怒之余也不无困惑：难道我们头上就扣了贫穷的帽子，无论怎样努力都摆脱不了这个“穷”字吗？

其实，这一切不过是因为富二代找到了致富的捷径。

致富的捷径是什么？不同的人肯定有着不同的回答。有人认为正确的思考是致富的捷径，有人则认为只有努力工作才有可能步入快速致富的列车道。这两种不同的看法导致了不同的结果，通常第一种人会成为大量财富的拥有者，而第二种人则在原地踏步。

很多富人之所以成为富人，不仅是因为他们有个富有的老爸或者凭空而来的好运气，而是因为他们的思考方式与别人不同。如果你做别人做的事，你最终只会拥有别人拥有的东西。而对大部分人来说，他们拥有的是多年的辛苦工作和高额的税收。这些人要想改变状况，最有效地途径就是学会像富人那样——用正确的思考方式来致富。

杰瑞是一个聪明的小伙子，但不幸的是，他遇上一次交通事故，右腿截肢，这就意味着他以后不能像别人一样用勤劳的双手为自己创造财富了。虽然他的时间很多，但是除了读书和思考外，能做的事情并不多。

但是有所失必有所得，正因为杰瑞不能像别人一样劳动，他反而有更多的时间去思考。杰瑞知道很多洗衣店，会在烫好的衬衣领上加一张硬纸板，防止变形。他写了几封信向厂商洽询，得知这种硬纸板的价格是每千张四美元。他的构想是，在硬纸板上加印广告，再以每千张一美元的低价卖给洗衣店，赚取广告的利润。

杰瑞想好后，立刻着手去做，并持续每天研究、思考、规划的习惯。

广告推出后，杰瑞发现客户取回干净的衬衫后，衣领的纸板丢弃不用。

他问自己：如何让客户保留这些纸板和上面的广告呢？答案闪过他的脑际。

他在纸卡的正面印上彩色或黑白的广告，背面则加进一些新的东西——孩子的着色游戏、主妇的美味食谱，或全家一起玩的游戏。有个男人抱怨洗衣店的费用激增，他发现妻子竟然为了搜集杰瑞的食谱，把可以再穿一天的衬衫送洗！

杰瑞并未以此自满。他野心勃勃，要让自己的事业更上一层楼。他把每千张一美元的纸板寄给美国洗衣工会，工会便推荐所有的会员采用他的纸板。杰瑞的事业由此登上另一个高度。

古人云："力之用一，而智之用百。"意思是说，使蛮力，你只能得到微薄的收益，而投入智慧，用心思考，你就能获得巨大的财富。这就是思考致富的道理！故事中的杰瑞也是靠着缜密的思考和规划赢得了可观的财富。因此，我们也应该每天都抽出一段时间来思考，哪怕只有十几分钟，一旦形成习惯，对你的立业及人生都会产生有益的影响。

经济学之父亚当·斯密在其《国富论》中也曾批驳过那些误以为金钱是财富的说法，他认为：金钱只是财富的一种形式，真正创造财富的是“生产”。而任何的生产都是首先来源于人类的需求，要想立大业成为有大财富的人，首先要有一种具有哲学高度的财富观，而不是那些精明算计的小市民心态！

所以，穷二代们，即便你现在还是穷人，但只要你永远不停止思考，就能摆脱贫穷的命运，早晚推开财富的大门。

## 为自己创造一切可能成功的机会

**立业箴言**

失败者总是习惯把一切归咎于机会，其实，没有哪个机会是突然降临的。那些成功的人都懂得主动寻找机会，如果找不到，他们就去创造机会。

这个世界上，渴望成功的人有很多，但真正获得成功的人总是少数。很多穷二代总是喜欢将失败的原因归结于根本没有成功的机会，他们怨天尤人，怪罪父母没有给自己创造好条件，责备社会没有给自己提供好机会，感慨生不逢时，感慨成功者赶上了好时候……然而，除了抱怨和暗自辛酸外，他们没有为自己做任何事情。这样的人，不会创造机会，只会消极等待。而那些成功的人之所以能够获得成功，都是因为自己努力创造机会，而不是消极等待。

两个男孩截然不同的人生经历恰好印证了这一点。

这两个男孩从小一起长大，一个名叫卢拉，一个名叫里昂，他们出生在不同的家庭。卢拉的家庭背景非常好，父亲是大学教授，母亲是当地有名的内科医生，他从小衣食无忧，只要他想要的就可以得到。卢拉非常自信，他的理想是做一名出色的投资理财师，他认为自己绝对有从事这方面工作的才能，因为他感到自己对财富有着与生俱来的敏感度。他经常对别人说：“只要有人给我机会，让我到银行工作，我一定能成功。”但是，大学毕业以后，卢拉等了一年多的时间，因为没有经验，一直没能获得到银行工作的机会。他开始变得焦急、苦闷，心情烦躁，他不断地企求上天能赐给他一个机会。可是，机会终究没有光临。

里昂的情况和卢拉完全不同。里昂的家庭条件很差，父母都是普通工人，他们每天为生活奔波，根本顾不上辛迪。从小，里昂的学费都要靠自己打工来赚取。他懂得没有人可以帮自己，想要什么都要靠自己努力去争取。里昂与卢拉有着同样的理想，他也想做一名出色的投资理财师。毕业以后，里昂没有像卢拉那样无休止地等待，为了谋得一份符合自己愿望的职业，他跑遍了当地每一家大大小小的银行，但是，他在每一个地方得到的答案都令他失望：“我们只雇佣有工作经验的人。”可是，这个要求是多么的不合理，不给机会，怎么能获得经验呢？里昂和每一位接待他的人辩论。

虽然里昂得到了和卢拉一样的结果，但他却没有像卢拉那样只等机会的降临，他开始为自己创造机会。一连几个月，他都仔细浏览各种招聘信息，还托人去打探各种可能的工作机会。终于有一天，他在报纸的角落里，发现了一个令他激动不已的消息：一家刚刚成立的银行，正在招聘金融专业的人才，而且，他们可以为没有工作经验的人提供实习机会。虽然薪水非常低，而且那个地方离里昂所在的城市很远，但兴奋的里昂根本没有想那么多，他义无反顾地选择到那家银行做一名实习生开始了他的职业生涯。

在那个地方实习了一段时间之后，里昂就因为工作出色而成为了正式的银行工作人员，后来他又成功获得了投资理财师的职位。三年之后，里昂回到家乡，因为有了丰富的工作经验，他轻而易举地获得了自己想要的工作，成了一个出色的投资理财师。而卢拉早已经放弃了当初的理想，靠母亲的关系，到大学里做了一名普通的职员。

从卢拉和里昂身上，我们可以清晰地看到成功者和失败者不同的人生轨迹。里昂不断地追求，寻找实践的机会，不断积累经验，最终获得了机会，实现了自己的理想。卢拉却一直停留在等待中，他期待着机会的降临，却不懂得自己去创造机会。与里昂相比，卢拉有着更好的家庭背景，但是这些并没有让他成为一个生活中的强者。

有句话说得好："机会青睐准备好的人。"所谓准备，其实就是追求，就是创造。年轻的朋友们，你要知道没有任何机会是平白无故从天而降的，要想获得机会，就必须主动出击，做好准备，一旦机会来临才能牢牢抓住。

真正的强者总是设法前进，他们不埋怨父母，不责怪命运，而是自己去创造机会和获得运气。所以，如果你想获得成功，请努力创造机会。

## 目光长远，推迟你的"满足感"

**立业箴言**

好的时候不要看得太好，取得一点成绩也不要沾沾自喜、裹足不前。真正的成功者一定要有远见，要懂得"先苦后甜"的道理。

所谓延迟满足，其实是一种自我控制的能力，懂得延迟满足的人能够控制自己的即时冲动，在达到长远的目标之前懂得抵制眼前的诱惑，延缓目前的需要，坚持不懈，以期更大的成果。延迟满足是人们走向成功的重要心理素质。比如一个穷人挣到了一万块，如果他懂得延迟满足，不马上将这一万元用来改善生活，而是用这一万块做本钱，去赚下一个一万块、两万块，甚至十万块，那么他很快就能摆脱贫穷的困境。如果他因为有了一万块而欣喜若狂，马上用来改善生活，一万块花光了，一切就得从头再来。延迟满足就是要目光长远，放长线钓大鱼，通过抑制暂时的欲望来获得更大的满足，刚毕业的年轻人一定要明白这个道理。

有这样一则寓言故事，很简单，却很好地说明了延迟满足的重要性。

有三个穷人，各有一只母鸡，每只母鸡每天都会为它的主人下一只鸡蛋。

第一个人每天都把那只鸡蛋吃掉（收支平衡），所以他像以前一样一直穷下去。

第二个人每天吃蛋还觉得不过瘾，有天下狠心把母鸡也杀掉吃了（透支消费），于是他比以前更穷。

第三个人把鸡蛋攒了下来，等到攒够十只的时候，就把它们孵成小鸡。假如其中死掉20%（两只），成活了四只公鸡、四只母鸡。过了一段时间，四只小母鸡再加上那只老母鸡每天总共能产五只蛋，这时，继续把鸡蛋攒着，等到第十天时，便有了50只鸡蛋，再把这50只鸡蛋孵成小鸡。如此循环往复数月，这些母鸡每天产蛋达到了1000只。这时候，即便他每天吃五只鸡蛋也不会有什么影响，而且他也实现了从穷到富的蜕变。

像寓言中的前两个人一样，很多穷人之所以很难走出贫穷的泥淖，很大一部分原因就在于他们不懂得如何推迟自己的满足感。在生活中，有太多的人树立了远大的目标，却因为一个小小的成功而自我满足，在人生的道路上止步不前；也见过一些人为了坚持自己的理想，走上了比常人艰辛的道路，甘于清贫，忍受寂寞，在忍耐和坚持中收获了成功的喜悦。在我认识的人中，大明和李扬可以说是这两类人的典型。

大明和李扬是同班同学，大学毕业后，有企业到学校招聘，他们就一起应聘到了同一家单位。大明的性格比较活泼，到了单位后很快就和同事们打成了一片，下班后也经常和朋友去泡吧、蹦迪，日子过得很自在。相比之下，李扬的生活就显得单调了很多，工作之后他又报考了在职研究生，每天下班之后就早早回到家里看书、学习。大明曾经问他："反正都找到工作了，收入也不错，保住饭碗就行了，为什么还要这么拼命？"李扬只是笑了笑，没有回答。其实李阳的心里有一个长远的计划，拿到研究生学历之后换一份收入更高更稳定的工作，哪怕从最普通的员工做起，然后一步步晋升，在30岁之前解决房子、车子的问题，35岁之前进入中产阶层。几年之后，李扬早已跳槽到更好的单位，收入是之前的好几倍，他的目标也一个个实现了。而大明却因为业绩不好被原来的单位解聘了，之后他又找过好几份工作，但都做不了多长时间，收入得不到保障，生活没有任何起色。

推迟满足感，就是要把目光放长远，在取得暂时成绩的时候能够控制自己的欲望，继续奋斗，直到获得较大的成功。推迟满足感是成就大业的必备条件，一个人如果获得一点成绩就沾沾自喜，不思进取，他的人生就会止步不前。所以，一个人的成就有多大，与他能在多大程度上推迟现有欲望的满足感是成正比的。

当然，一个人是否具备“推迟满足”的能力与先天秉性无关，而在于后天的锻炼和培养。事实上，掌握这种能力需要极大的耐心与自制力，这也是几乎所有成功人士都具备的潜质。有些人总是纳闷，为什么有些人看起来并没有什么过人之处，却能做成大事？其实，答案很简单，就是因为他们懂得“延迟满足”，比一般人更隐忍和坚持，面对挫折和打击拥有更强的承受能力，这些看似简单的特质对于立业者却是非常重要的。

## 脚踏实地，钱要一点一点挣

立业箴言

立业从来都不是一个简单的过程，要想做大事先要脚踏实地地把小事做好。成长的道路要一步一步走，远大目标的实现要靠不断地努力。

这个世界上几乎所有人都想立业挣大钱，穷二代在这方面的欲望比富二代更要强烈很多，但有些人并不是想通过踏踏实实的劳动来获得成功，而是无端地做着发达梦，不是希望买彩票中了超级大奖就是盼着摔一跤捡个金元宝，好一飞冲天。殊不知，如果怀着这样的想法，你只能永远是穷人，永远无法拥有财富。因为天上永远不会掉馅饼，没有哪个富翁是靠飞来横财起家的。万丈高楼平地起，财富要一点一点积累，成功要一点一点获得，只有脚踏实地，一步一个脚印，立业之路才能走得稳妥。

有一对夫妇，他们拥有很小的一块田地，每年依靠田中的收成勉强过活。幸好他们还养着一只母鸡，每天能下一个鸡蛋。突然有一天，这只鸡生下了一个金蛋。这对夫妇非常高兴，把金蛋拿到市场卖了一大笔钱。他们想：太好了，以后再也不用辛苦地耕田了，只要有这只会下金蛋的鸡，就可以过上好日子了。

果真，后来这只鸡每天都会下一个金蛋。靠着这些金蛋，夫妇俩很快发了大财，买下了肥沃的田地，又盖起了漂亮的大房子，请了许多仆人，过得非常舒服。但是，渐渐地，他们开始不满足。有一天，妻子说："既然母鸡每天可以下一个金蛋，那它的肚子里一定有很多很多的金蛋，说不定就是一个小金库……"

丈夫很兴奋："是啊，那我们干脆把鸡杀了，把它肚子里所有的金蛋都拿出来吧！"说到做到，他很快地去拿来一把刀，把那只母鸡杀了。剖开肚子一看，却发现这只母鸡和普通的鸡没什么两样，哪里有什么小金库啊？

如果这夫妇俩没有那么贪心，而是继续靠着母鸡一天下一个金蛋，日子照样可以过得很富足，但是他们并不知足，想一劳永逸，一口吃个胖子，结果断了自己的财路。这就像拔苗助长，心急的农夫不仅没有得到粮食，反而亏损了所有的禾苗。

立业的过程并非很多人想象中的那样波澜壮阔，处处都是大手笔，相反，这是一个很细致很琐碎的过程，所有的问题需要一个个地去解决，很多的事情需要一件件去做，任何细节都不可忽略。只有脚踏实地走好每一步，才能夯牢根基，避免立业的理想成为"空中楼阁"；只有脚踏实地才能在立业途中留下坚实的脚印，一步步缩短与成功的距离。

当然，在这个浮躁喧嚣、张扬个性的时代，很多人的成功不乏戏剧性和偶然性。比如那些名噪一时的网络红人们，他们没有过硬的实力，有些人甚至是"无学历、无相貌、无背景"的"三无"人员，却凭着毫无底线的炒作和出位的言行博得关注。对于他们的走红，很多人嗤之以鼻，但也有些人非常赞同，认为不管采取怎样的手段，只要能出名、挣到钱就是成功的，而且这种方式立竿见影，非常速成。

其实，一些网络红人的风行可以说是时代的畸形产物，不是值得效仿和推崇的成功模式，这不过是一个恶意炒作的过程，有着太多过度包装的痕迹。这种所谓的“成功”根本经不起推敲，也注定不会长久。有媒体报道过所有失败的80后创业者都有一个重要的共同点：就是聪明有余而耐心不足。他们都具备成功的能力却没有踏踏实实做事的心态，在刚刚取得一点成绩的时候就想着投机倒把，最终的结局只能是失败。

立业从来都不是一个简单的过程，要想做大事先要塌下心来把小事做好。成长的道路要一步一步走，远大目标的实现要靠不断地努力。俗话说：“种瓜得瓜，种豆得豆。”只有你脚踏实地去做每一件事情，那么你付出多少，才会得到多少。相反，好高骛远、眼高手低只能使你眼光空茫、不切实际，在无意中放弃许多现成的机遇。在立业过程中，最难的就是原始积累阶段，但这也是必不可少的，只要脚踏实地地把原始积累做好，接下来的路就会好走很多。

## 要有信心，财富路上勇者胜

**立业箴言**

**很多人无法成功的原因就是内心的恐惧和疑虑阻挡了他们的脚步。其实，人生的所有事都是从自信开始，只要相信，你就可以得到。**

有媒体统计：只有不到8%的男人，和少于2%的女人，能够在65岁之前拥有财务自由，而能够被称之为富有的人更是少于1%。看到这些数字，穷二代们可能会觉得很沮丧：这么小的概率，即使再努力，情况也不会太乐观，何况这世界上还有那么多富人，哪里会有穷人的机会呢？其实，你缺少的不是机会，而是一种力量，来自信心的力量。当你开始对未来失去希望的时候，这种力量会告诉你：别担心，情况总会好转的，艰苦的日了不会一直持续下去。

很多白手起家的人之所以能够走出困境获得成功，不在于他们拥有特殊的技术本领，也不在于他们的家庭背景，而仅仅在于他们的自信和坚忍不拔，在于他们面对困难和挑战时所表现出的坚定信念。“华人世界船王”包玉刚的经历就是这样。

包玉刚出身于一个小商人家庭，他的家乡宁波距海近，从小包玉刚就对海有一种特殊的感情。中学毕业后，包玉刚当过学徒、伙计，后来又学做生意。30岁时曾任上海工商银行的副经理、副行长，并小有名气。但在前途一帆风顺的时候。他却因为对这方面不感兴趣，辞职了，亲友都对此迷惑不解。

31岁时，包玉刚随全家迁到香港闯天下。开始的时候做些小生意，攒了点钱，接下来干什么呢？父亲想让他投身房地产，但他拒绝了。想到童年时对海的向往，包玉刚决定从事航运业。他的这个想法遭到了全家人的反对，母亲说“行船跑马三分险”，搞海运等于把全部资产都当成赌注，稍有不慎，就会破产，父亲则认为，香港的航运业已经十分发达，竞争相当激烈，而包玉刚对航运完全是门外汉，凭什么经营航运？但包玉刚却信心十足，他看好航运业并非异想天开。根据从事进出口贸易时获得的信息，他坚信海运将会有广阔的发展前途。而且香港背靠大陆，通航世界，是商业贸易的集散地，其优越的地理环境有利于航运业的发展。

又经过几年的准备，包玉刚更加坚定了搞海运的决心，他确信自己能在大海上开创一番事业。但当时他的资金不够，而对于穷得连一条旧船也买不起的外行人，谁也不肯轻易把钱借给他。包玉刚四处告贷，又到处碰壁，尽管钱没借到，却没有动摇他经营航运的决心。后来，在一位朋友的帮助下，他终于贷款买来一条有20年航龄的烧煤旧货船。从此，包玉刚就靠这条整修一新的破船，扬帆起锚，开始在航运业大展拳脚了。

在包玉刚的成功因素中，信心和勇气占了很大比重。如果他当时听从了别人的劝告，放弃了自己的想法，就不会有一代世界船王的诞生了。在立业之时，没有人不怕失败，特别是起点低底子薄的穷二代，一旦失败，赔掉的可能就是全部身家。所以，很多人总是还没开始行动就开始害怕和怀疑，被心中的疑虑和恐惧阻挡了脚步，这就是他们为什么一直不能把事业做好的原因。

但是，我想告诉那些害怕失败的穷二代朋友们：你会失败的真正原因正是因为从不尝试。去尝试了再失败，总比连试都没有试过要好得多。倘若你真去试试看，你不会完全失败，因为至少你会从经验中学到东西。很多人因为害怕失败而没有机会创造自己的财富，因为他们从不冒险。然而，人生就是一场历险，不是吗？

那么，信心要从哪里来呢？

1. 当你犹豫、怀疑的时候，就问自己一个问题："如果你知道自己不能失败，你会怎么做？"而当你知道自己不能失败时，就去做你必须做的事。只要勇敢，强大的力量将会助你一臂之力。

2. 记住"表现得跟真的一样"。如果你想成为富人，就要表现的像富人一样，像他们一样思考，像他们一样说话办事，渐渐地，你就会相信自己真的能成为富人了。

3. 相信你的直觉，跟随你的信心。想做什么就勇敢去尝试吧，相信自己能成功，你就真的能成功。

4. 用不断的暗示来增强你的自信心。比如你经常对自己说："没有什么能够阻止我获得财富"、"只要我坚持，我就可以得到我要的"，慢慢地，这些话就会影响你的潜意识，增强你的信心。

人生的所有事都从信心开始。无论任何事，只要你相信自己能做到，你的潜力就会被激发出来，你的行动就自然会改变，结果也就自然不同。到目前一直无法赚大钱的人，最大原因就是不太相信自己能成功，不相信自己有能力，又怎么会拿出积极的行动呢？当一个人不相信自己能赚大钱，教他任何赚大钱的方法都是没有用的。

失败者看到才相信，成功者相信就看到。信心可以让你得到所有你想要的东西。

## 不退缩不放弃，财富青睐执著的人

### 立业箴言

只要永不放弃，你就永远有机会。这个世界上最大的失败就是放弃。成功历来属于那些即使面对绝境也绝不屈服绝不放弃的人。

从毕业到立业，这注定是一段艰难的历程，是一次漫长的跋涉，尤其对于穷二代来说，会遭遇更多的困难和挫折，只有意志坚定、勇往直前，不退缩不放弃的人才可能摆脱贫困的宿命。马云在担任《赢在中国》评委时对参赛选手寄语道："人的一辈子中灾难会很多，你每消灭一个灾难，都是一个进步。我经常说，在最困难的时候，我们需要学会用左手温暖右手，还要懂得坚持，因为这个世界上最大的失败就是放弃。"而他的座右铭就是永不放弃。诚然，成功历来只青睐那些即使面对绝境也绝不屈服绝不放弃的人。

这是一位成功培训师的真实故事，执著对于他来说，就是生命旅程的印证。

20 世纪 90 年代初，他开始创业，与合伙人创立了一家公司，但是由于经营不善和国家宏观调控措施的影响，他的公司很快就宣告破产，他也因此背上了一大笔外债。

虽然初次创业就遭遇失败，但他并未因此一蹶不振，而是重整旗鼓，到了一个新的地方重新开始。可是初来乍到，人生地不熟，要闯出一片天地谈何容易。他又经历了几次大的失败，最落魄的时候，口袋里连吃饭的钱都没有，经常因为没钱坐车而不得不走一两个小时回家……即使这样，他也以一种常人难以想象的毅力坚持了下来，从未放弃自己的梦想与追求。后来，困境中的他想起了自己曾经听过的成功培训课，于是他不断用这些方法来激励和调整自己：从每天出门前照镜子给自己鼓励，到进行自我训练来改变思维习惯；从订立并付诸实施三年成为百万富翁的目标计划，到通过增加做俯卧撑的次数来强化自己的意志力……不仅如此，他还将成功训练作为了新的创业点，走上了自由职业讲师之路，讲授的就是对他影响颇深的成功学。

在讲课过程中，他经常融入自己的亲身经历，这种带有真情实感的授课方式很受欢迎。慢慢地，他的讲课费越来越高，由开始的每小时30元增加到2000元，后来，他成了非常有名的讲师，每小时的讲课费高达8000元。再后来，他成立专门从事成功培训的咨询公司，手下有几十名员工，他也终于实现了自己三年内成为百万富翁的目标。

究竟是什么使他能够很快走出困境并实现了自己的目标呢？他在讲课时告诉学员两个字：执著。

成功，只属于执著追求的人。1948年，丘吉尔应邀在牛津大学作一个主题为“成功秘诀”的专题讲座，面对充满期望的牛津学子和全世界各大新闻媒体，丘吉尔作了极为简短却寓意深刻的演讲，全文只有一句话：“我的成功秘诀有三个：第一是，决不放弃；第二是，决不、决不放弃；第三是，决不、决不、决不能放弃！我的演讲结束了。”说完他走下讲台，整个会场在沉寂一分钟后，突然爆发出热烈的掌声，那掌声经久不息。的确，坚持不懈，决不放弃是丘吉尔成功的秘诀，同时也是我们做事应该坚守的原则。只有面对困难不退缩不放弃，执著追求的人，才有可能成功。

那么，我们怎样做到执著呢？

首先，要知道自己真正想要的是什么，自己想达到怎样的目标；然后你要做的就是一门心思地朝着目标前进，不管遇到怎样的困难，都要运用自己所学的知识，发挥自己的聪明才智去尽力克服，不退缩不放弃，坚韧执著，直到梦想实现。

很多刚毕业的年轻人心智尚不成熟，一旦遭遇挫折和困境，就会抱怨自己命不好，或者感叹世事不公。然而，总有那么一些人不会被逆境打垮，他们即使是在最艰难的时刻都能一直坚持下去，他们永远积极乐观、从不退缩，永不言弃，他们的执著总能让希望之火重新点燃；他们不相信失败，不囿于困境，总是生活在正面情绪当中，因而能激发自身无限的潜能，困境也会转为顺境。

在立业之路上遇到困难是正常的，特别是年轻的立业者，因为经验和思维的不成熟，很可能会走很多弯路，但要年轻人最大的财富就是有时间，最大的优势就是输得起，不要因为害怕挫折和失败就选择退缩和放弃。请永远记住：青春没有失败，放弃才是最大的失败，只有始终保持激情，坚持到底，永不放弃才能获得财富的青睐。

## 成功只要多一秒坚持

**立业箴言**

坚持是成功的最重要品质。它是世间最容易的事，只要愿意，人人可以做到；也是世间最难的事，因为真正能做到的终究只是少数人。

任何成绩的取得，都源于不懈的努力和执著的探索与追求；而所谓成功，实际上就是人生路上的一个拐点，是在你努力到一定程度之后，才能达到的境界。在这个过程中，少一秒钟，少走一步都可能前功尽弃、半途而废。所以，当年轻的你在立业过程中遭遇挫折、失去信心、丧失希望的时候，请告诉自己“再坚持一下”，坚持，就是给自己成功的机会。

台湾著名作家刘墉讲过一个故事：

有一个人去寻宝，他坚持了很长时间，捡到了 999999 颗石头，但没有一块是有价值的，这时候他感觉自己累极了，全身痛的动弹不得，实在不想再继续了。这时，伙伴开玩笑似地说：“那你就再捡一块，凑足一百万块吧。”寻宝人疲累地闭上眼睛，随手捡起一块石头，说：“好！这就是最后一块了。”但当他握着手中的石头时，感觉这块石头比一般的重，于是他睁眼一看，惊讶地大叫。因为他手中握的正是一块价值连城的宝石。

正是那一下坚持让寻宝人最终得到了一块价值连城的宝石。如果当时他放弃了，那之前的工作和努力就都白费了。很多时候，往往在你感觉疲惫不堪时、无法支撑时，再坚持一下，就会拨云见日，邂逅成功。

相传，曾有学生请教哲学家苏格拉底，怎样才能学到他那博大精深的学问。苏格拉底听了并未直接作答，只是说："今天我们学一件最简单也是最容易的事，每个人尽量把胳膊往前甩，然后再尽量往后甩。"苏格拉底先示范了一遍，然后说："从今天起，每天做 300 下，大家能做到吗？"学生们都觉得很好笑，这么简单的事有什么做不到的？过了一个月，苏格拉底问学生们："哪些人坚持了？"有九成的学生骄傲地举起了手，一年后，苏格拉底再一次问大家："请告诉我最简单的甩手动作还有谁坚持了？"这时，只有一人举起了手，他就是后来古希腊的另一位大哲学家柏拉图！

成功就是将简单的事情坚持到底，但即便这样，能做到的人也很少。对于很多刚毕业的年轻人来说，他们有的是激情与梦想，也不乏吃苦耐劳的精神，唯一缺少的就是耐性与坚持。心理学研究表明：凡有惊人成就的人，他们所表现出来的精神特征主要有自觉性、果断性、坚持性、自制性。而这其中对我们考验最多的就是坚持性。所以，坚持性是走在立业路上的年轻人最应该培养的品质。

培养坚持性，首先要克服懒惰的习惯。懒惰是一个人有所成就的大敌。一个懒惰的人即使有再宏伟的目标，最后也只能沦为一纸空谈。只有勤劳才能让坚持成为可能，也只有勤劳的人才愿意为了实现理想而付出努力。

培养坚持性，还要靠着很强的自制力。自制力是一个成年人必备的能力，它表现为善于抑制消极情绪的冲动，自觉控制和调节自己的行为。一个人只有具备顽强的自制力才能对自己有所约束，才能将一件事长久地做下去。

巴斯德有句名言"告诉你使我达到目标的奥秘吧，我唯一的力量就是我坚持的精神。"英国政治家迪斯雷利说："成功的奥秘在于坚持不懈地奔向目标。"我们每个人的人生都有许多付出，但是这些付出如果在最后要收获的关头停止了，那么再小的成功也不会属于你。

任何成功的取得都离不开坚持。有人说坚持是世间最容易的事，只要愿意，人人可以做到；但坚持也是最难的事，因为真正能做到的只是少数人。每一个想要成功的人，都必须在选择了正确的方向后，通过不屈不挠地坚持与忍耐，向自己的目标前进，这样才能完成心中的梦想。